U0307453

图解全球资源真相

[日] 柴田明夫·著　　林潇奕·译

浙江人民出版社

智能机所必需的资源

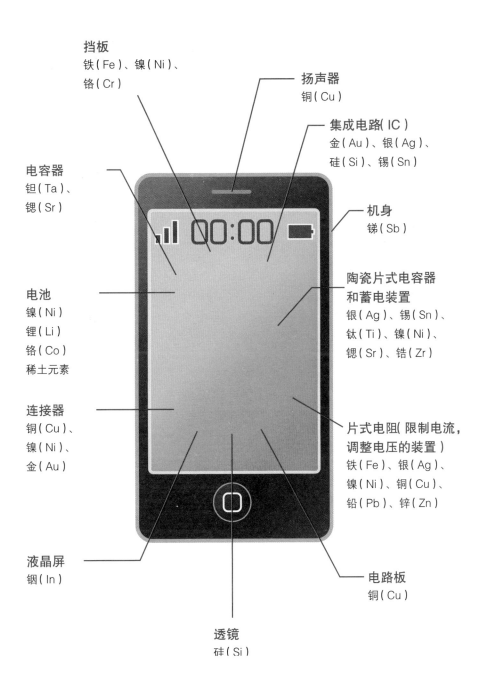

挡板
铁(Fe)、镍(Ni)、
铬(Cr)

扬声器
铜(Cu)

集成电路(IC)
金(Au)、银(Ag)、
硅(Si)、锡(Sn)

电容器
钽(Ta)、
锶(Sr)

机身
锑(Sb)

电池
镍(Ni)
锂(Li)
铬(Co)
稀土元素

**陶瓷片式电容器
和蓄电装置**
银(Ag)、锡(Sn)、
钛(Ti)、镍(Ni)、
锶(Sr)、锆(Zr)

连接器
铜(Cu)、
镍(Ni)、
金(Au)

**片式电阻(限制电流,
调整电压的装置)**
铁(Fe)、银(Ag)、
镍(Ni)、铜(Cu)、
铅(Pb)、锌(Zn)

液晶屏
铟(In)

电路板
铜(Cu)

透镜
硅(Si)

应用于尖端领域的稀有金属

括号内的数字为最新的世界原料金属的产量和消费量

钼	强化铁的性能（7.5万吨）
钨	熔点最高的硬金属（5.6万吨）
铟	液晶体里所含的金属（325吨）
镍	不锈钢（125万吨）
钛	航空器的发动机和热交换器（7.6万吨）
钴	钢铁的添加剂，二次电池（4.5万吨）
铂	汽车排气催化剂（218吨）
铬	铁的脱氧、脱硫和性能的提升（469万吨）
锰	铁的脱氧、脱硫和性能的提升（711万吨）
钒	是提升钢铁性能所必需的金属（7.9万吨）
铌	应用于钢材的强化和超导技术（3.9万吨）
钽	应用于手机等电子设备里的蓄电器（1280吨）
锗	应用于半导体元素、军事和健身器材（一）
锶	使烟花呈深红色（17.1万吨）
锑	通常应用于工业生产中（4.9万吨）
钯	蓄电池触点，汽车中的催化剂（205吨）
铍	难以提取但前景良好（285吨）
锆	耐高温，应用于核反应堆的燃料包壳管（115万吨）
铼	电触点，高温测温仪的零部件（37吨）
锂	用于轻量和大容量的电池（一）
硼	和氢结合后广为应用（503万吨）
镓	常用于智能机等，是现代生活不可或缺的元素（175吨）
钡	包括x射线检查在内的各种用途（600万吨）
硒	因具有极强的光传导性能，广泛应用于复印机（1500吨）
碲	应用于氟碳化合物的冷却装置（284吨）
铋	应用于医药品和电子产业（4229吨）
铯	应用于原子钟和GPS等（微量）
铷	可用于测定地球年龄（微量）
铊	具有超强的毒性，须谨慎使用（15吨）
铪	中子的吸收率高，用于原子核反应堆（1.6万吨）
稀土元素	在尖端领域广泛应用（17.3万吨）

序 活跃在我们身边的资源

智能机已成为我们日常生活中不可或缺的东西。与其说它是手机还不如说是一个小型的电脑。那么制造智能机需要哪些资源呢？铁、金、银、铜、铝等金属和由石油制成的塑料是其主要组成部分。然而使它成为智能机的是锑铟钽锶等各种各样的稀有金属。令人惊讶的是，如插页上的图表所示，有超乎想象的多种金属资源为人所用。智能机就是一个小型电脑，因此在电脑中使用的金属在智能机里也得到了广泛的应用，区别只是用量上的。

机动车所使用的金属量要大得多。尤其是随着混合动力车、电瓶车、燃料电池车等高性能机动车的普及，应用于高输出功率的发动机和催化剂中的稀有金属的需求也在加速增长。如此说来，人类确实从自然界中获取了铁、有色金属、煤炭、石油等各种资源并加以利用。可以说我们人类的文明就是由大量的资源支撑起来的。

然而，近些年来，人们对于资源枯竭的担忧日益增加。人类围绕着有限的资源展开了争夺。同时，新资源的开发也带来了环境破坏。这些都使全球的资源市场弥漫着不安的气氛。到底在资源市场里发生了什么？迄今为止我们又是怎样开发和利用资源的呢？

在工业革命的冲击下，法国、德国、美国和俄罗斯相继迈进工业化与城市化的进程。20世纪头几年，工业革命的影响又波及日本。工业革命是以钢铁、石油化工、造船、电力、制造等重工业为支柱产业而发展起来的，因此对矿物和能源资源的需求也飞速增加。20世纪五六十年代，欧洲和日本的经济都进入了高速增长的时期，世界经济的平均增长率已高达5%。随之而来的是资源供给的紧张局面。

此后，1973年的第四次中东战争诱发了第一次石油危机，紧接着，以1979年的伊朗伊斯兰革命为导火索发生了第二次石油危机。这两次石油危机进一步加剧了资源市场的紧张局面。在这种形势下，原油价格在20世纪70年代一度上涨了20倍。1973年还发生了世界范围内的粮食危机和骚动。

以日本为代表的发达国家苦于资源价格的急剧上涨，采取了节约能源和资源、升级产业结构的对策。这一政策使世界经济的增长速度大幅下降。到了20世纪80年代，一直居高不下的资源价格终于有了回落的趋势。但是，资源价格在20世纪70年代达到了新高度后，要回到最初的水平是不可能的。因为资源的均衡价格已经发生了变化。这一状态持续了大约30年，直到20世纪90年代发达国家再次拉动了世界经济为止。

另一方面，进入21世纪后，随着工业化的推进，印度、中国等新兴国家快速发展。2004年至2007年，世界经济增长率为4%～5%。其中，发达国家的GDP年增长率为2%～3%，而新兴国家则以高达7%～8%的速度增长。这一状况并不是偶然的，而已渐渐成为常态。这就是所谓的发达国家和新兴国家的脱钩现象。这一现象虽在2008年受到"雷曼事件"的影响而中途崩塌，但2009年下半年又开始恢复。2012年后，欧洲债务问题又成为了世界经济中新的不安定因素。

然而，支撑着新兴国家经济发展的是机动车、电器产品等耐用消费品的普及，以及为此而进行的道路、铁路、港湾、电力等城市基础设施建设所带来的旺盛需求。这些国家因此可以维持长期的高速增长。要满足这些需求就需要有稳定的资源供给，所以进入新世纪后，我们必须解决资源市场的危机和问题。所谓危机和问题，就是资源枯竭和全球温室效应这两大不可逆转的危机，以及由此引发的资源争夺战。这些问题不断尖锐化，并引起了"资源价格均衡点"的剧烈震荡。后文将对其进行论述。

从一系列反映了增长态势的图表（包括世界人口图、中国GDP增长图、钢铁产量图、世界资源货流量图等）中我们可以看出，采取措施已刻不容缓。实际上，这些图表与上述的资源枯竭、全球温室效应、资源争夺战这三大问题有着密切的联系。

这些随处可见的反映了增长趋势的图表意味着什么呢？我们现在必须采取什么措施呢？本文将从资源商业性的角度探讨这些问题。结论是，地球已对人类进行的超出其承受能力的开发和掠夺敲响了警钟。企业、个人和国家都必须彻底地朝着"Re"的方向革新技术、培养可再生意识、推进制度改革。比如，再度利用（Reuse）、使用替代材料（Replace）、缩减用量（Reduce）、循环使用（Recycle）等。

一些先进的企业家似乎很快就注意到了这些"Re"的重要性和可实施性，并展开了实际行动。被称为"20世纪最伟大的经济学家"的熊彼特（Joseph Schumpeter）说过，一旦打开了突破口，技术革新就会被接连引发。最终，这些新的结合可能会再次掀起巨大的工业革命的浪潮。

资源问题已经成为人类亟待解决的问题。为了应对这一问题，日本应该也会引发一场工业革命吧。

柴田明夫

目　录

第3章　非资源国将何去何从？

第4章 左右世界经济的关键资源

第 1 章

席卷全球的资源争夺战
拉开了序幕

1 资源是什么?

——从两个角度把握资源的特征

兼具"有用性"与"稀缺性"

资源到底是什么?

首先想到的是石油、煤炭、天然气等生活必需的能源,构成多彩世界的铁、铝、金、稀有金属等,或者是大米、小麦、玉米等谷物,抑或是砂糖、天然橡胶、棉花等农副产品。此外,金枪鱼、秋刀鱼等海产品,杉树、扁柏等林产品也属于资源。

水、土地、阳光也可以说是资源吧。那大气、时间和废弃物呢? 甚至是被称为"人才"的人类,也属于资源。但如果把范围扩大至此,就未免有些跑偏了。那让我们来重新定义一下资源吧。说到资源,至少要考虑两个方面。

一个是"**有用**"。也就是说,有利于提高生活质量和改为促进产业发展的能源和物质才可被称为"资源"。

另一个是"**稀缺**"。2008年诺贝尔经济学奖获得者保罗·克鲁格曼在他的著作《微观经济学》里对"资源"做出了解释:"所谓资源是指用于生产其他商品的一切东西……当资源的数量不能最大限度地满足所有生产性需要时,资源是稀缺的。"[1]所以,我们在使用资源的过程中必须做出选择。

---

①克鲁格曼、韦尔斯著,黄卫平等译:《微观经济学》,中国人民大学出版社,2009年,第11页。——编者注

资源的"获利能力"，关键在"提炼"

做出选择时，必须了解资源的"**获利能力**"。某项资源即使很有用，但如果太稀少，以至于需要巨额费用来开发和生产的话，它就不具备获利能力，没法作为资源加以利用。所谓"**获利能力**"，可以从资源的理论潜藏量与实际利用的关系上来说明，它在极大程度上由该资源是否属于"**提炼之后能转换为经济效益的自然物资**"来决定。总而言之，"**提炼**"是关键。

以蜂蜜为例，在蜂巢里收集到的蜂蜜就是资源。而在油菜花、杜鹃花里的蜂蜜，由于分布广泛而稀少，我们没法说它是资源。这是因为要提炼出这些蜂蜜需要花费大量的时间和金钱。不过，如果某些资源的需求急剧扩大，我们就不得不利用那些没法产生经济效益的"资源"以满足需求。这时，我们就需要新的技术和方法。

像这样，我们根据"**有用性**"和"**稀缺性**"估算出费用，然后在此基础上判断需要选择哪些，舍弃哪些。我们必须判断什么该做，什么不该做。而这一问题，正如克鲁格曼所说，从古至今都是经济学界的核心问题。

地球孕育的"不可再生资源"

兼具"**有用性**"和"**稀缺性**"的资源可以大致分成两类。其中一类是矿物资源、能源资源等**不可再生资源**。

地球诞生于46亿年前。在这漫长的历史发展进程中，在一些偶然的机会下，产生了许多矿物资源。煤炭、石油、天然气等能源资源在产生时间上比矿物资源要晚一些。生命诞生之后，海洋浮游生物和茂盛的陆上植物残骸最终变成了能源。这些是地球生命活动过程中的偶然产物。随着人类的开采和利用，这些资源的蕴藏量也在递减。

我们通常用可开采年限来表示资源的枯竭程度。用现有的经济发展条件（技术和资源价格等）下具有获利能力的资源蕴藏量，除以每年的资源消费量就可得到可开采年限。地球经过46亿年，孕育了石油、天然气、铁、铜等诸多资源，而人类在工业革命开始至今的200年里就把这些资源几乎用至殆尽。

根据2011年的《BP世界能源统计年鉴》，世界原油的确认蕴藏量是13,832亿桶，而年生产量（消费量）大约为300亿桶（日产量8,209万桶的365倍）。由此可以算出，可开采年限为46年。那么，金属资源的状况又是怎样呢？

美国地质调查局的数据显示，全球铜的确认蕴藏量（2008年）转化为金属资源后大约是5.5亿吨，而年生产量（开采量）则为1,570万吨。由此可见，可开采年限为35年。再比如铅，蕴藏量大约为7,900万吨，而年产量为380万吨，也就是说可开采年限为20年。

不过，这里所说的可开采年限，实际上并不能确切地表示该资源距离枯竭所剩的年数。它只是一个在假设现有状况不变的前提下，根据蕴藏量和消费量推断而得出的数据。而实际上，资源价格和技术水平的变化会引起蕴藏量的变化。当然，消费量也可能会像中国一样呈现倍增的态势。在这种情况下，资源距离枯竭所剩的年数也会急剧缩短。

可再生的生物资源

还有一种资源是生物圈中农林产品、水产之类的可再生资源。这类资源即使被开发利用，也可以通过自然的再生机能或人为活动（如栽培、种植、养殖等活动）而重新再生。因此，生物资源的可开采年限是用蕴藏量除以年消费量与可再生量之差所得到的值。因为需要减去可再生量，所以年净消费量就相对较小，与之相应，表示资源枯竭程度的可开采年限的数值就较大，可以说不需要担心将来资源会枯竭。然而近年来，许多自然资源就如水产资源一样，消费量持续增加超过了可再生量，总有一天这类资源也会面临枯竭。

因此，为了使水产资源、森林资源等维持可再生的标准，我们必须严禁滥捕滥伐，把生产控制在"利于后代的范围内"，也就是资源可以持续再生的范围内。

可开采年限的计算方法

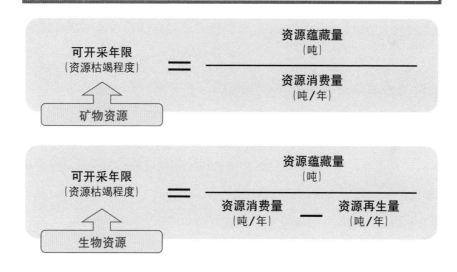

主要矿物资源的可开采年限

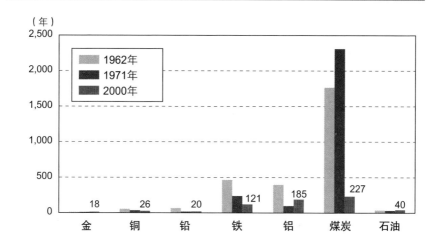

数据来源：日本物质和材料研究所

2 重新定义稀缺性
——粮食、水和温暖的气候

资源过度开发将会威胁生态系统

能源、矿物、粮食以及其他农产品，还有水、大气、阳光、空气、时间、人才等，从**"有用性"**的角度来说，都可以被称为资源。但是从**"稀缺性"**的角度又该如何看待呢？空气、时间、人才等在现阶段都不存在枯竭的问题，因此把它们排除在资源的范畴之外是合理的。

古典经济学的集大成者亚当·斯密（Adam Smith）在《国富论》里提出了"钻石和水的悖论"：即使我们一辈子都不曾拥有钻石也没什么，但它的价格却非常高；而我们一天也离不开水，可水的价格却很低。这是为什么呢？回答这一问题的关键词就是**"稀缺性"**。钻石价格高正是因为它具有**"稀缺性"**。

但是，进入新世纪以来，我们不得不注意一个问题：不仅仅是矿物和石油等枯竭资源的稀缺性不断增强，连粮食、水、温暖的气候、多样的生物等迄今为止与稀缺性从未挂钩的资源也变得越来越稀缺。

资源过度开发已经开始威胁地球

在这里需要说明一下，矿物资源、能源资源等并不是孤立存在的。我们无法只为了使用资源，就任意地从环境中攫取。这些资源是存在于地球这个大生态系统中的。水、大气、适应人类以及动植物生存的气候、农业、渔业等生产活动，包括净化生产活动中的废弃物等的生物圈活动，都是由地球支撑着的。

如果地球是无限的，或是人们有节制地开采资源，就不存在任何问题了。但如果像一些新兴国家那样，持续发展资源型经济，资源的生产、消费量以及废弃物的排放量就会急剧增加，地球的生态系统就会遭到破坏。环境问题就是表现之一。

咸海的环境破坏就是常被提及的案例。咸海地处中亚，曾经是世界第四大的湖泊，面积是日本琵琶湖的100倍，拥有丰富的水资源。然而，苏联斯大林政权实施了棉花的集体栽培，咸海的状况也随之发生了巨变。20世纪80年代以来，咸海的蓄水量骤减，2000年的蓄水量与之前相比，减少了85%。与此同时，咸海地区的生态系统也遭到了严重破坏。数据显示，生活在咸海里的24种鱼类中，有20种已经灭绝。在河流汇入的三角洲地区栖息的173种鸟类中，有145种已经灭绝。

矿石的开采也造成了环境破坏。从矿床（经济上宜于采集的地方）里把矿石开采出来的过程中就会产生数倍于矿石数量的沙土和碎石（排石）。此外，开采出来的矿石还要经历选矿（从开采出来的矿石里选出有用的）、冶炼（从选出来的矿石中提取出金属）、精制（提高金属纯度）等步骤，这一过程中又会产生各种废弃物。要提取并冶炼出1吨精制金属，会产生多达99吨的无用矿石。这些矿石最终以各种形式被废弃。因此我们不难理解，矿石的开采和提炼会对环境造成多大的负担。

新兴国家的工业化使日益资源加速枯竭

资源是"浓缩提炼之后能转换成经济效益的自然物资"。随着生产的推进，剩余可开采矿石的成色在下降，开采位置越来越远，开采深度也在不断增加。这是资源枯竭问题严峻化后所不可避免的。

一般情况下，随着工业革命的开展、人口的增长（人口大爆发）和收入的增加（收入大爆发），金属资源的消费也会大量增加。从人均GDP与资源消费量的关系来看，发达国家已经达到顶点，而金砖四国①则呈现出一种递增的趋势。由于工业化的推进，这些国家的经济持续快速地发展，对金属资源的需求也急剧扩大。

从供给的角度来看，资源供给也受到各种制约。一是由于矿产资源的大量生产，可供开采的矿产成色在不断下降。这就是所谓的资源枯竭的问题。在这种情况下，若要维持现有的生产量，就要进一步开展勘探、开采、冶炼、输送、加工等所产生的费用也会增加。但这同样也会促进开发技术的革新和进步。二是贱金属（铁与有色金属，base metal）、贵金属、稀有金属等金属资源全球分布不均。三是以这些资源丰富的国家为据点开发和利用资源的大型企业，其地位越发重要。四是人们越来越重视地球环境问题的解决。资源国针对资源的开发者颁布了《现状恢复条例》，要求开发者在开采结束后，开展植被种植等活动，将当地的自然环境恢复到开发前的状态。对于资源开发者来说，这会产生巨额的费用，因此他们不得不把这笔开销转嫁到资源价格中去（内部化）。

矿产资源的枯竭问题日益严峻。筑波县产业技术综合研究所将矿产资源分为三类。

第一类是蕴藏量极其丰富的金属资源，即使需求剧增，在未来的

---

① "金砖四国"（BRIC）指巴西、俄国、印度、中国。

50年内都不用担心枯竭。这类资源包括铁（Fe）、铝（Al）、镁（Mg）、钛（Ti）、锰（Mn）、硅（Si）、钙（Ca）等12种元素。但是开采提炼这些储量丰富但成色较差的资源需要花费大量的时间和金钱。而且，精制过程中所产生的大量碎石（排石）、残渣（尾矿），也会加剧周边环境的恶化。

　　第二类是蕴藏量并不是很丰富的重要金属。这些金属因需求急剧扩大而面临枯竭。其中包括铜（Cu）、铅（Pb）、锌（Zn）、金（Au）、各类稀有金属等共76种金属。这些金属的蕴藏量还算较大，可是成色非常差。为了清楚地描述这些金属的累计产量与其蕴藏量的关系，我们绘制了下页的图表。

地壳中的资源蕴藏量和累计生产量

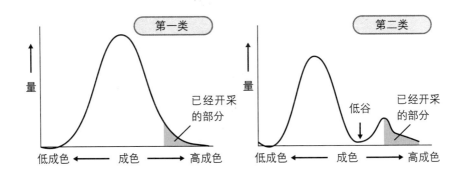

供求结构图及其特征

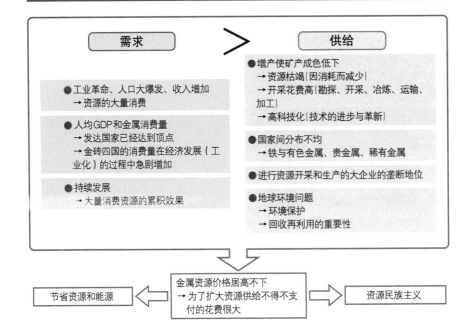

3 | 能源是什么？

人类文明的发展得益于对能源的活用

物理学上所说的能量，是指"做功的能力"，包括机械能、热能、光能、声能等。而能提供和调动这些能量的物质就被称为能源资源[1]。

远古时代的人类已经有了用火的意识。他们用火驱逐野兽，冬天用火来取暖，夜间用火来照明，并用火来做饭，使可食用的食物种类更加丰富。后来，人们用火炼造金属，并进行其他各种各样的加工。人类文明史便由此开始。

后来，随着经济的发展，人类所利用的能源也从枯木、枯草变为煤炭、石油、天然气等，并最终掌握了"原子之火"——核能的利用方法。但是，2011年3月11日，日本发生了大地震，并引发了东京电力福岛第一核电站的事故。受到重创的日本渐渐开始关注可再生能源，如太阳能发电、风力、小水力、海浪发电等。

可以直接利用的一次能源和二次能源

我们在日常生活中会用到哪些能源？这些能源的使用量又有多大

---

[1] 能源资源学会主编：《能源资源手册》，欧姆社出版局，1997年

呢？很多人会想到电力、燃气、煤气、煤油吧。但其中的电力是利用石油、燃气、煤炭等加工而成的，因此我们需要对这些能源进行分类。像石油、燃气、煤炭等能直接利用的能源被称为"一次能源"，像电力等由一次能源转换加工而成的能源称为"二次能源"。

工业革命和一次能源的变迁

实际上，18世纪发端于英国的第一次工业革命，其动力来源就是煤炭利用的扩大。在这之前，煤炭也有一定程度的利用，但由于煤烟太大又伴有恶臭而被人们忽视。

然而，人们发现煤炭干馏后可以变成焦炭，把这一原理应用于铁矿石的还原就可以得到大量的铁。接着，在18世纪后半期，瓦特发明了蒸汽机，这使得以前必须在可以利用水力和风力的地方才能进行的工作现在随处都可以进行。

工业革命和技术革新使铁路、电力、化学、航空等新兴产业不断发展，人类所使用的一次能源的范围也由煤炭扩大到石油、天燃气等各种能源，消费量也急剧增加。

全世界的能源消费量（换算成石油）在1800年的时候只有1,000万吨，而到了2000年就翻了1,000倍，达到了100亿吨。可以说工业革命造成了资源消费量的急剧增加。

熊彼特的"新组合"和德鲁克的"七种创新来源"

以英国工业革命中的一系列技术革新为背景，经济呈现出了生动有

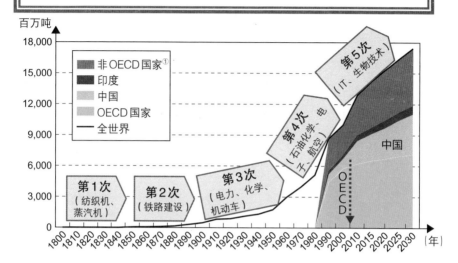

全世界一次能源消费的变化

百万吨

图例：
- 非OECD国家①
- 印度
- 中国
- OECD国家
- 全世界

第1次（纺织机、蒸汽机）
第2次（铁路建设）
第3次（电力、化学、机动车）
第4次（石油化学、电子、航空）
第5次（IT、生物技术）

资料来源：1800—1980年，荷兰环境评估署。
　　　　　1900—2000年，美国能源信息署(EIA)：《国际能源年度报告2006》。
　　　　　2010—2030年，美国能源信息署(EIA)：《国际能源展望2008》。

能源人均消费量的比较（2007年）

	中国	日本	美国	中国/日本	中国/美国
石油消费〔桶〕	59	395	685	15%	9%
煤炭消费〔换算成石油的千克数〕	993	981	1,900	101%	52%
天然气消费〔换算成石油的千克数〕	46	636	1,973	7%	2%
一次能源消费〔换算成石油的吨数〕	1.4	4.1	7.8	35%	18%

①OECD指经济合作与发展组织〔Organization for Economic Co-operation and Development〕，简称经合组织

力的发展态势。20世纪最伟大的经济学家熊彼特把这一发展态势称为"新组合"或是"创新"。

熊彼特认为，经济发展最根本的动力是"生产者"带来的创新。这里所说的创新，主要包括：生产新产品，提供新服务；新生产方式的引入；新市场的开拓；新原料供给源的开发；新经营模式的实现；等。

我们不难注意到，这些创新在任何时候都是由先进的生产者引发的。这些生产者关注新的可能性，并迅速地把自己的想法付诸实践。一旦企业发展受阻，企业家们就开始接连地创新。然后，从生产新产品，提供新服务到新经营模式的实现这些创新最终会使整个社会发生一系列变化。熊彼特称这一现象为"创造性破坏"。创造性破坏引起了旧体制向新体制的转变，同时经济也得到了发展。

德鲁克也曾提出生产者创新的七种来源。这些都是很有意思的内容。

英国工业革命中的技术革新

1705年	纽科门〔Thomas Newcomen〕→发明了火力驱动
1709年	达拜〔Darby〕→根据焦炭的制成原理，发明了制铁法
1733年	凯伊〔Kay〕→发明了飞梭
1764年	哈格里夫〔Hargreaves〕→发明了珍妮纺纱机
1769年	瓦特→成功地改良了蒸汽机
	阿克莱特〔Richard Arkwright〕→取得了水力纺织机的专利
1779年	克朗普顿〔Crompton〕→发明了走锭细纱机
1784年	科特〔Henry Cort〕→发明了搅拌制铁法
1785年	卡特赖特〔Cartwright〕→发明了动力织机
1796年	詹纳〔Jenner〕→成功地进行了牛痘疫苗的接种
1807年	富尔顿〔Fulton〕→发明了蒸汽轮船
1814年	史蒂芬孙〔Stephenson〕→蒸汽机车试运营成功
1825年	第一条蒸汽机车铁路开通→英国斯托克顿〔Stockton〕至达林顿〔Darlington〕

创新（新组合）和市场创造

熊彼特的新组合

1. 生产新产品，提供新服务
2. 新生产方式的引入
3. 新市场的开拓
4. 新原料供给源的开发
5. 新经营模式的实现

德鲁克的七种创新来源

- 出乎预料的事〔成功、失败〕
- 现实与理想不一致
- 流程需要
- 市场需求
- 产业结构的变化
- 意识的变化〔伦理、健康、价值〕
- 发明与发现

创新层出不穷的社会

4 "资源枯竭"和"全球温室效应"

资源是"有经济效益的自然物资"

进入21世纪后，原油、金属、谷物的价格一直呈上升趋势，并于2008年上半年达到了历史最高。2008年下半年受雷曼事件的影响，资源价格急剧下降。但从2009年下半年开始，随着世界经济的复苏，资源价格又呈现上升的趋势。2012年，资源价格再次创造了历史新高。

究其原因，是因为中国、印度等人口大国随着工业化的推进，经济进入了快速发展的轨道，从而加速了"资源枯竭"和"全球温室效应"这两大人类无法阻挡的危机。也就是说，我们正面临着挑战地球极限的危机。

一般情况下，资源价格上升的时候，市场均衡发生变动，生产者会开发出更多的资源，供给增加，而需求则受到抑制。但是，由于低价资源已经逐渐走向枯竭，温室效应不断加剧，人类不得不采取节约资源、保护环境的政策来阻止两大危机的恶化。由此我们可以得出结论：资源价格上升有利于资源的节约和环境的保护。相反，如果资源价格下降，不但不利于两大危机的解决，反而会造成资源浪费，从而导致温室效应的加剧。

资源枯竭和价格的关系

那么，具体来说，资源枯竭与价格有什么关系呢？

一般情况下，确实有很多人乐观地认为，若资源价格上升，对资源的开发就会随之推进，技术也会不断革新，因此不存在资源枯竭的问题。但是，人们渐渐地明白，所谓的"资源"是"浓缩提炼之后能转换成经济效益的自然物资"。也就是说，资源通常埋藏在容易开采的地方，所以生产所花费的时间和金钱较少。然而，它们大多都是使用了就不可再生的枯竭性资源。

在这里顺便提一下资源的累计生产量与成色、价格的关系。以铜等金属矿物资源为例，一般都先在资源成色较好的露天矿场开采。随着需求的扩大，开采地逐渐转向成色较差的矿场，资源的生产成本也随之增加。为了满足市场需求，人们不断地进行开采，累计生产量也随之不断增加。因此，铜等金属资源的价格是由成色最差的资源的生产成本所决定的。因为只有这样，才会有人不断开发出能够满足需求的资源。

实际上，2008年12月的雷曼事件后铜的价格一度跌到了3,000美元，但很快就回升了，2011年曾一度达到10,000美元，创造了历史新高。2012年，人们都在担心欧洲债务问题可能会造成世界经济不景气，铜的价格也因而下降到了7,000美元，但和过去相比，还是上涨了。原因在于铜的中长期需求较为紧张。

资源成色下降导致的供给不足

矿山对于资源供给有着决定性的影响，而资源成色的低下又给矿山开发带来了巨大的难题。20世纪80年代开采的矿石中，铜的平均成色是1.02%，而到了90年代这一数据就变为0.52%，下降了一半之多。

世界上最大的矿石生产国为智利。其国家铜业公司发布的数据显示，1990年，铜的成色为1.34%，到了2008年就下降到了0.78%。另一方面铜的消费可以大致分为电线和压延铜产品两大类。以中国为中心，全世界在电力设施的电线、机动车零部件、半导体的引线框架、家用水管五金等方面对铜的需求量急剧扩大。

铜也和其他资源一样面临枯竭，只是程度有所不同。资源开发价格上升导致市场价格居高不下，所以人们只好通过节约资源、开发新材料和替代材料来满足对铜的需求。现在我们可以看到，成色良好的矿山蕴藏着超额利润，怎样利用好这些所谓的超额利润并以此造福人类则又是另一个研究课题。

居高不下的价格是我们向新能源社会转变的费用

问题是进入21世纪以来，"金砖四国"等人口大国的经济持续快速发展，工业革命以来的200多年里消费量倍增的优良资源，此时消费进一步加快，并逐渐枯竭。也就是说，生产成本低的优良资源的大部分已被消耗殆尽，人类面临着资源枯竭的问题。但是，从人均GDP角度观察我们可以发现，中国、印度等新兴国家要进入发达国家的行列至少还需要10年、15年。

展望未来，资源需求扩大，市场已经供不应求。因此必须要开发"未被浓缩的资源"和"不易开发的资源"才能满足需求。但是开发这类资源又需要花费大量的时间和金钱。换句话说，资源的市场价格必须能体现出这一高额的生产成本，资源的开采才能继续。

　　从这个意义上来说，近年来资源价格的升高可以说发出了以地下资源（石油、煤炭等）为依托的20世纪的发展模式已达到极限的信号。而绿色新政的推行，太阳能发电、燃料电池、混合动力车、电力机动车的盛行，又显示出我们已进入了向"以太阳系能源为依托的21世纪发展模式"转变的过渡期。必须要快速地从依托"地下资源"转向依托太阳能发电、电力机动车等"太阳系能源"。居高不下的资源价格可以说是这一转变所必需的花费。

我们的未来会怎样（我们应该怎么做）

从以地下资源为依托的20世纪发展模式向以太阳系能源为依托的21世纪发展模式转变

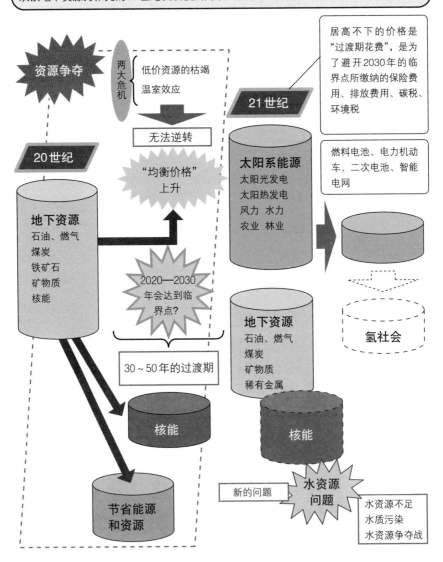

5 | 工业化的推进使资源需求扩大

经济发展的三个阶段

经济发展的目的是增加我们每个人的收入，提高生活水平。

一国的经济发展有利于提高国民收入，也会使该国的生产方式、需求结构、雇佣关系、贸易结构等经济结构发生转变。

根据经济结构的几次大规模的转变，可以将经济发展大致划分为三个时期[①]：

第一阶段：经济发展初期，经济开始从农业向工业化、都市化发展。

第二阶段：传统的纺织、食品、钢铁、化学、机械、机动车等产业生产规模扩大，工业化的推进速度加快，高速提升。

第三阶段：经济发展模式由以制造业为中心转变为服务型经济和信息型经济。

在这三个阶段中，经济发展速度最快的是第二阶段，工业化速度的加快激起了资源需求量的激增。工业化〔Industrialization〕是指，在一个国家的产业发展中，随着科学的进步，新技术被应用于生产中的过程。外在表现为第二产业在GDP中所占的比例由10%上升到20%乃至30%的过程。

[①]著名的"配第—克拉克定理"，即用产业的生产率和产业结构的变化来划分经济发展的不同阶段。

工业革命的两个层面

18世纪的英国率先开展了工业革命。我们可以大致从两个层面来看待这场工业革命。

一是技术革新的层面。新机器的发明带来了生产力的飞跃。另一个是社会革命的层面。为了适应工业化的发展，必须同步推进银行、保险、铁路、道路、电力、港湾等基础设施的建设。

由此可见，工业化指的是在我们的经济生活中所发生的一切新变革。而且，工业化往往伴随着城市化。城市化指的是越来越多的人聚集到城市的过程，可以说这是工业化过程的产物。

战后的世界经济和资源

实际上，从每十年的平均增长率来看，可以把战后的世界经济发展分成增长率在5%左右的高速成长时期和成长率在3%左右的低速成长时期。

1950年到1960年间，受到日、欧、美等先进国重工业的牵引，世界经济的增长率一直维持在5%左右。带动这个发展的是日本、联邦德国等国的战后复兴和高速经济增长。

1956年日本经济白皮书的副标题被定为"现在已不再是战后"。这是由于日本的经济在战后十年快速发展，1955年稻米的生产量超越了美国在战前的最高水平——500万吨。同时，铁、原钢的生产也超越了战前的顶点，未知的新时代已经到来。这似乎是说，虽然日本经济在战后迅速地重建和恢复，但必须保持警戒，接下来可能不会那么顺利。然而实际上，从翌年1957年开始直至1973年第一次石油危机使发展停滞的将近20年时间里，日本的经济以实际GDP 9％，名义GDP 16％的速度快速增长。

在日本经济的高速成长期，经济发展以钢铁、石油化学、造船、电力、建筑等重工业为支柱，因此资源需求扩大，供不应求。

资源价格飞速上升使日本等发达国家面临着巨大的危机。为了应对这一危机，这些国家开始节约能源资源，调整产业结构。当时的日本，因为卫生纸、洗涤剂经常缺货，超市里挤满了抢购的顾客。如今，因"3·11"东日本大地震引发的长期电力不足，让人有"似曾相识"之感。

从发达国家向新兴国家的转移

接下来稍微转换一下话题。受石油危机的冲击，世界经济的增长率下降到了3％，到了20世纪80年代，本来飞速增长的资源价格也呈现出下滑的趋势。

然而，进入21世纪后，随着中国、印度等新兴国家工业化的推进，全球经济发展速度持续增长，世界经济增长率又回升到了4％，尤其是2004年至2007年，该增长率一度接近5％。我认为这不是暂时的，它渐渐已成为常态。这一状况因2009年雷曼事件的冲击而中断。但2012年，尽管受到欧洲债务问题的影响，我们可以看到世界经济又重新回归到了5％左右的增长水平。

第27页下面那张图显示，世界经济的主力正由发达国家向新兴国家转移。20世纪90年代以前是总人口仅为8亿的发达国家引领世界经济发展，独占和使用全球资源的时代。由于发达国家的经济基本成熟，即使继续发展也无法带动巨大的资源需求。随着发达国家经济状况的变动，资源的供需情况也发生了变动，资源价格也随之变化。但是，2000年以后，中国、巴西、印度等总人口达到30亿的新兴国家工业化持续推进，经济持续快速增长，对资源的需求因而被重新激发出来。资源行情上涨，资源价格也被抬得很高。

这种需求带动资源价格升高的情况至少会持续到中国经济成熟、迈入发达国家行列之时。这种可能性很大。由此可见，近年来居高不下的资源价格可以看作是"过渡期"的必然现象。仅中国人口就有13亿之多，因此这个过渡期并非是10年或者15年就可以完成的。在这期间，世界资源市场里需求增加所带来的资源压力会一直继续。

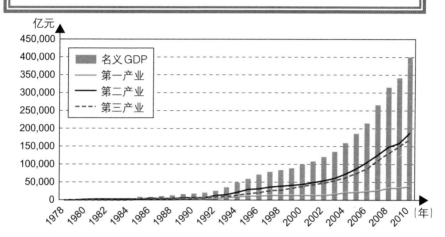

中国的名义GDP和三大产业的GDP

注：第一产业农业（种植、林业、畜牧、渔业）

　　第二产业工业（开采、制造、电力、燃气、供水、建筑）

　　第三产业其他产业

资料来源：中华人民共和国国家统计局：《中国统计年鉴（2011）》。

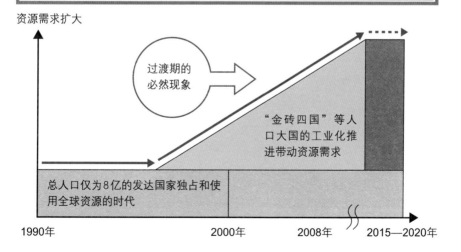

中国、印度等人口大国在"过渡期"的资源需求示意图

6 中国的崛起和资源领域的新动向

汽车的普及带动了资源需求

进入21世纪已有十余年，在这十几年的时间里，发生了三件震动世界经济界的大事。

第一件是2001年9月11日在美国多地同时发生的恐怖袭击。此后，美国就展开了针对恐怖主义的斗争。美国总统布什直指伊拉克、伊朗、朝鲜为"邪恶轴心"。对于恐怖组织，布什主张先发制人，单独采取军事打击，提出了所谓的"布什主义"，并于2003年对伊拉克发动了武力进攻。

第二件是2008年以雷曼事件为导火线的世界金融危机。这次金融危机的根源是次级房贷问题，其影响波及欧洲，引发了欧洲债务问题。而欧洲债务问题至今都是世界经济中的不稳定因素。

第三件大事是中国的崛起。2001年12月，中国加入了世界贸易组织（WTO）。此后，中国以出口、外资、海外资源为动力，经济飞速发展，其实质就是工业化的推进。同时，为了适应工业化的进程，高速公路、铁路、港湾、发电站等社会基础设施建设也在不断推进。

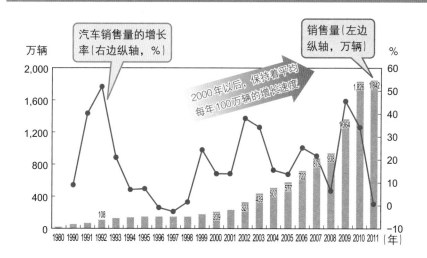

中国汽车销售量的变化

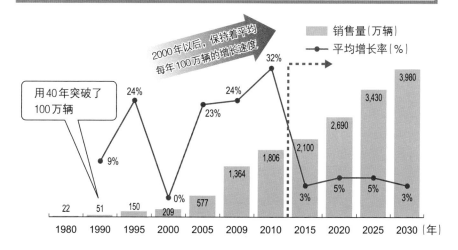

中国汽车销售量的长期预测

资料来源：中国汽车工业协会；环亚经济数据有限公司（CEIC）；2015年至2030年的数据为丸红经济研究预测值。

资源的消费大国

中国工业化的特征是汽车、电器制品等耐用消费品的扩大生产。因此，中国对经济发展所必需的机械、运输设备等生产物资，以及铁矿石、钢材、铁屑、铜、铝、镍、原油、石油制品、天然橡胶等工业原料的进口大量增加。上页图中所示的是中国的汽车销售数量的变化。

销售量从1992年突破100万辆到2000年突破200万辆用了8年之久。然而，2000年以后，中国的汽车销售量以平均每年100万辆的速度增长，并于2010年突破了1,800万辆。2010年受到雷曼事件的冲击，美国的同期销售量为1,150万辆，日本为495万辆，中国当之无愧地成为了世界最大的汽车市场。

然而，从每千人所拥有的汽车数量(2008年)上来说，美国是800多辆，日本是不到600辆，而中国仅为60辆左右。所以可以说，中国的汽车大众化时代才刚刚拉开序幕。

在世界资源市场中的存在感不断增强的中国

从下面的表格里可以看出中国在世界资源市场里所处的位置。例如2010年，世界的粗钢产量为141,400万吨，刷新了历史最高纪录。其中，中国的粗钢产量为62,700万吨，占总产量的44%。

2010年，中国这一个国家的铝、铜需求量就占了世界总需求量的四成，大豆、天然橡胶需求量占大约三成，石油需求量占世界总量的一成左右。世界汽车产量中的25%被中国所占。不仅如此，2000年以后这些资源总需求量的扩大也可以说是由中国的需求扩大所引起的。

从总量来看，在世界资源市场里，中国是个不容忽视的存在。但从 2010 年中国 13 亿 4091 万的人口数量来看，这样的资源消费量并不算大，离发达国家还有很大差距。也正因为如此，中国的耐用品消费和资源需求还有很大的上升空间。关于这点，本书将在后面的"使用强度"一节中做更详细的说明。

中国在世界资源产量中所占的比重

| | | 世界 | | 中国 | | 中国所占比率（%） | |

年份	粗钢生产（百万吨）	汽车生产（万辆）	铝生产（万吨）	石油需求（万桶）	大豆需求（百万吨）	天然橡胶（万吨）	精炼铜需求（万吨）
1995	752	4,998	2,000	6,990	131	646	—
	98	150	170	342	14	84	—
	13.0	3.0	8.5	4.9	10.7	13.0	—
2000	847	5,742	2,481	7,590	161	729	—
	126	207	332	498	23	108	—
	14.9	3.6	13.4	6.6	14.3	14.8	—
2003	980	6,221	2,700	7,810	201	796	—
	222	440	500	543	39	330	—
	22.7	7.1	18.5	7.0	19.4	41.5	—
2004	1,035	6,500	2,820	8,240	208	805	1,702
	272	500	550	630	38	350	357
	26.3	7.7	19.5	7.6	18.3	43.5	21.0
2005	1,144	6,606	3,189	8,351	215	—	1,692
	353	571	708	698	45	—	382
	30.9	8.6	22.2	8.4	20.7	—	22.5
2009	1,220	6,053	3,554	8,408	238	955	1,731
	568	1,379	1,388	863	59	367	652
	46.6	22.8	39.0	10.3	24.9	38.4	37.7
2010	1,414	7,486	3,757	8,880	255	1,018	1,953
	627	1,826	1,544	915	69	326	751
	44.3	24.4	41.1	10.3	27.1	32.0	38.5
数据来源	国际钢铁协会（IISI）	MARKLINES汽车信息平台	摩根大通（J.P. Morgan）	国际能源署（BP.IEA）	美国农业部（USDA）	国际天然橡胶研究会（IRSG）	摩根大通（J.P. Morgan）

资料来源：矢野浩太纪念会：《世界国情图示》，2011年12月。

专栏一　飞行的稀有金属，奔跑的稀有金属

一辆汽车大约会用到3万个零部件，那么飞机呢？

一架飞机所用到的零部件数量相当于汽车的100倍，也就是大约为300万个。

由于喷气燃料费用和金属价格的升高，提高耐久性和燃料效率、减轻质量成为了当前最大的课题。而稀有金属就是应对这一问题的关键。

稀有金属被广泛应用于航空器的建造中，需求急剧增加。比如钛(Ti)，由于轻巧又强韧，被用作制造喷气式发动机的涡轮叶片(附着在机翼上的主动轮叶片)，是"飞行的稀有金属"的代表。除此之外，镍(Ni)、稀土类元素也得到了广泛的应用。

另外，由于不会氧化，钛不会引起人体的过敏反应，被广泛应用于人造关节、假牙中。

另一方面，汽车制造业对稀有金属的需求也急剧增加。由于汽车的燃料费用上升、质量减轻、性能提高，轻巧且强韧的稀有金属越来越不可或缺。

例如，普通汽车一辆就需要大大小小100多个马达，而混合型动力车和电动汽车则需要更大量的铌(Nb)和镝(Dy)。

因此，东京大学生产技术研究所的冈部彻教授称这些元素为"奔跑的稀有金属"，冈部教授还整理出下面的表格来说明在汽车中使用的稀有金属。

中国的二次电池制造商比亚迪公司开发研制的电动汽车

钢铁类材料（特殊钢、高张力钢板等）	合金添加元素（铬、锰、钼、钒、铌、钛等）
发动机类	磁石材料（铌、镝、钐、钴、铽等）
排气净化催化剂	铂系元素（铂、钯、铑等）
电池	镍氢电池（镍、钴等）；锂电子电池（锂、钴、锰等）；燃料电池的催化剂；电极（铂等）
照明	LED照明（镓、铟等）；卤素灯（钪等）
液晶显示器	透明电极（铟等）
电子基板和传感器等	晶体管（硅、锗、镓、铟等）；电容器（钽、银、钯等）、电阻（钌、钯等）；电极（金、银、铂、钯等）、焊料（铟、铋等）

*稀有金属被广泛应用于汽车制造中：
　制造工具的特殊合金（钨、钴、钽等）；工作用机器人的发动机（铌、镝、钐等）
*未来的汽车制造业中，稀有金属将得到更加广泛的应用：
　寿命长、质量轻的材料（钛、钪）

第 2 章

资源价格居高不下，
各国将如何应对？

1 以"使用强度"为标准

从"使用强度"看全球经济

一个国家的产业构造可以反映其经济发展，从以农业为主到以工业为主，再转换为以服务业为主，资源需求也会随之发生变化。那么，我们应该以怎样的标准来衡量一个国家的资源需求状况呢？

这里我们必须要提一下使用强度（Intensity of Use）这个词。

如果把经济发展程度和人均资源消费量绘制在一张图上，我们可以得到一个反向的抛物线。发达国家的人均资源消费量较高，但由于经济发展已经较为成熟，即使继续发展，对资源的需求也不会大幅增长。我们称这种情况为使用强度低。

反之，中国、印度等新兴国家，人均GDP较低，现阶段对资源的需求并不大，但随着经济发展，需求量将会急剧扩大。也就是说，这些国家的资源使用强度大。如果这些新兴国家在未来10年里都以年增长率7%左右的速度增长的话，经济规模将会倍增，对资源的需求也会在未来急剧扩大。

那么，中国、印度等国对钢铁的需求情况又是怎样的呢？日本由于经济比较成熟，即使人均GDP增加，使用强度也较低，钢材的人均消费量不可能会大幅增加。反之，新兴国家的使用强度高，如果经济发展，人均GDP增加的话，我们可以预见铁的消费量也会像反向抛物线那样急剧增加。

通过技术革新来降低 "使用强度"

问题是新兴国家何时才能迎来需求的顶点。如果中国的钢材人均消费量像韩国一样达到了人均1吨的水平，又会是怎样的状况呢？假设中国的人口超过了14亿，那么人均1吨的话，每年的粗钢生产量差不多要达到15亿吨。还不止如此，生产1吨的铁需要1.5吨铁矿石和0.7吨煤炭（炼焦煤）。要生产铁的副原料——焦炭就必须使用煤炭。也就是说，要生产15亿吨的粗钢，需要20多亿吨的铁矿石，10多亿吨的炼焦煤。这还只是中国一个国家所需要的数量，印度等国家的需求也同样不容忽视。

如果这种态势继续下去，地球将可能遭到毁灭。不，这是不可能的，我们绝不能允许这种事发生。按理来说，我们需要进行国际资源管理，构筑一个资源合作体系。然而在G20（Group of 20）峰会中，各国首先考虑的是本国的利益，而不是国际合作。

因此，我们应该期待进行技术革新以减少铁的使用。高张力铁板就是兼顾强度和薄度的技术，镍、钴、铬、钨等稀有金属都被应用于这一技术中，或是开发出像碳素纤维那样能代替铁的材料。夸张地说，应该进行一些奇迹般的技术革新，诸如用瓦楞纸使飞机升空、轮船开动等。现阶段，日本企业在这个领域还占有一定的优势。

日本等发达国家的责任是不卷入资源争夺战，同时推进能源的节约和资源的技术革新，并最大限度地帮助新兴国家引进这些技术，从而降低他们在经济发展过程中的资源使用强度。

GDP 与钢材消费量(2010 年)

	名义 GDP	人均 GDP
世界	629,113 亿美元	9,159 美元
中国	58,791 亿美元(9.3%),世界第一	4,382 美元
日本	54,588 亿美元(8.65%),世界第二	42,783 美元

	世界粗钢产量	人均钢材消费量
世界	141,359 万吨	211 千克
中国	62,665 万吨(44.3%),世界第一	340 千克
印度	6,684 万吨(4.7%)	47 千克
日本	10,960 万吨(7.7%),世界第二	653 千克
韩国	6,111 万吨(4.3%)	1,263 千克

几个主要国家的人均钢铁消费量的变化

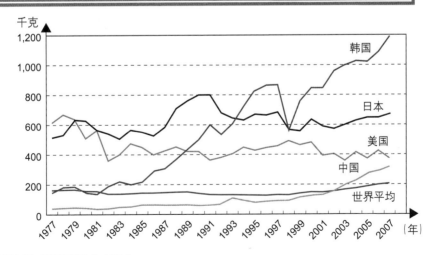

资料来源:国际钢铁协会(IISI)。

2 资源价格为何波动？

流动性过剩与投机资金

原油、矿物等资源是未经加工的自然产物，因此被称为初级产品。

一般情况下，与工业制品相比，初级产品、原材料的价格变动都较大。因此，这些初级产品被称为国际敏感性商品（大宗商品），经常成为投机和套头交易的对象。

为什么初级产品的价格会频繁地变动呢？有些人认为这是由投机资金进入这些商品交易市场而引起的。那么，投机资金又为何会进入呢？

这是由初级产品和原材料的特性所决定的。这些产品和原材料是从自然界中开发出来的，同质化严重，而且即使价格大幅上升，需求和供给也不会受到很大的影响。比如，即使天然橡胶和铁矿石的价格下降，企业也不会大量囤货；反之，这些商品的价格升高时，轮胎制造商和钢铁制造商也不会停止采购这些原料。这一特性在经济学上被称为"需求的价格弹性小"。

同时，这也意味着供求关系的微小的变动都会引起这些商品价格的大幅变化。这就给投机资本的进入提供了契机。通常，我们把初级产品中的原油、铜、金、谷物这类同质性较强，并被大量交易的资源称为大宗商品。这些商品需求的价格弹性较小，价格变动幅度较大，因而经常成为投机对象。

投机资金很难进入耐用消费品的市场

汽车、家电、电脑等工业制品〔耐用消费品〕情况又是怎样的呢？一旦有限时折扣，即使只是稍微便宜一点，顾客也会蜂拥而至，需求量增加。反之，平底锅的价格哪怕只是上升了10日元，客流量也会随之减少。

也就是说，耐用消费品需求的价格弹性较大——商品的价格稍有变动，需求就会发生变化。在这种情况下，投机资金就很难进入耐用消费品的市场。

美国次级房贷问题引发的世界金融危机，强化了资源、初级产品需求的价格弹性较小这一特性。当全世界信用收缩，银行信贷收紧，企业和家庭就会纷纷把能卖的东西换成现金。这一行为被称为"变现"。企业于是开始调整房屋、汽车、家电等耐用消费品的生产，重新评估设备投资，调整原材料储备，抛售商品。不仅如此，生产的调整还导致了雇佣的变动，具体表现为失业人员的增加。为了维持基本生活需要，人们不得不减少住宅的购入和耐用消费品的消费。而这又会进一步导致耐用消费品的减产，对市场造成负面影响。

问题是耐用消费品的需求减少会导致作为原材料的原油的需求减少。原油价格瞬间跌落，生产者停止了对原油的开发和投资。当人们意识到经济状况已经恶化到最低点的时候，资源需求就会再次扩大，我们再次面临价格上升的压力。

地球正面临着"资源枯竭"和"温室效应"这两大不可逆转的危机。鉴于此，我们应该做的不是降低资源价格，而是利用高昂的资源价格，使一直未成为可能的节约能源和资源、保护环境的政策和措施得以落实，缓和这两大危机。

对金融危机和资源市场的影响

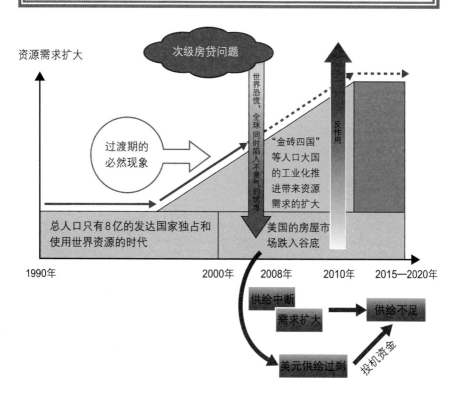

3 规避资源市场中的价格波动风险
——在期货市场里观察价格的变动

价格变动使全球金融市场更加动荡

前文提到过,与工业制品相比,初级产品和原材料的价格波动较大。对于要用到它们的厂商和物流商来说,资源价格波动越大,风险就越大。

期货市场就为这些随时面临着价格变动的厂商提供套期保值的业务。期货市场拥有价格发现(形成公平的市场价格)和套期保值(换个角度看,可以说是提供了投机的机会)这两大功能。

汽车、石油化工、家电、建筑业等被称为实体经济,而支撑这些实体经济的是产业资本。经济发展就是产业资本在经济活动中获得的利润不断累积的过程。随着产业资本的累积和企业的发展壮大,原材料和工业制品的价格变动就会成为企业面临的重要的风险(市场风险),而这一风险反过来又会成为企业进一步发展的障碍。因此,就会产生规避价格变动风险的需求。

另外,这个世界上还存在一些投资者和投机家。他们都想利用价格变动好好地赚上一笔。而期货市场为双方提供了相遇的场所。期货的作用就是把规避风险和投资投机的需求相结合,满足企业和投资者(投机家)的需求。

寻求"价值差异性"的国际金融资本

像"利滚利""人只能在白天工作，而钱却可以24小时运作"等俗话说的一样，在以产业资本为依托的经济活动中不断积累的利润最终脱离了产业资本的框架，转化成了金融资本，开始了钱生钱的独立运作模式。作为金融资本的金钱，为了寻求更有利的投资领域，开始在全世界流通。20世纪90年代，国际金融资本便由此诞生。

在股票、通货和大宗商品的金融市场里，投机家预测将来的价格变动，低价买进高价卖出，或者在价格高的时候卖出，等价格回落又重新买进，以此来赚取利润。生产者们还把注意力放到工资的差别上，即在劳动力廉价的国家生产商品再到物价高的国家卖出，从而获得利润。

总而言之，我们所在的世界迈入了"价值差异性"高于一切的时代。其契机是1989年冷战的结束以及进入20世纪90年代后快速发展的IT（信息技术）革命和全球化的推进。

也可以说，我们处在一个在各个领域不断开疆拓土（寻找新的"价值差异"）的时代。尤其是进入21世纪以后，中国、印度等国家经济飞速发展，新兴国家作为一个全新的领域进入了人们的视野。

同时，金融资本也催生了一系列金融产品，如金融衍生品的交易、"雷曼事件"的罪魁祸首——抵押贷款证券化（MBS，Mortgage Backed Securities）、以一系列的MBS作为担保资产组合的债务担保证券（CDO，Collaterarised Debt Obligation），以及规避信用危机的信贷违约互换（CDS，Credit Default Swap）等。

从产业资本到金融资本

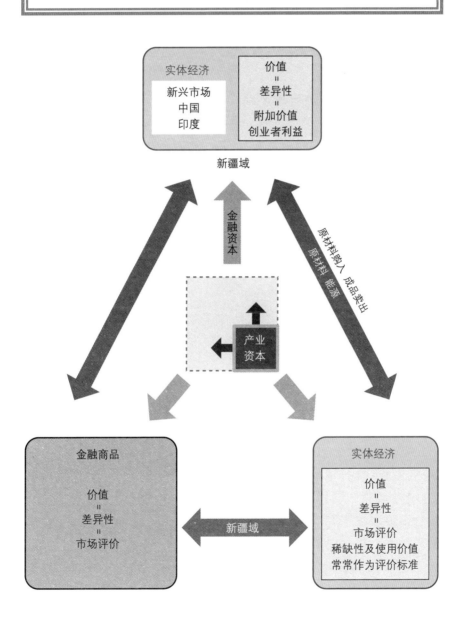

4 | 原料商品市场的规模与对冲基金

没有标准的商品市场

与股票、债券等金融市场相比，商品市场的规模很小。正因如此，只需稍稍注入一点资金，价格就会暴涨。人们通常用"大象跳入池塘"来形容这一现象。

那么，商品市场的规模与股票市场相比，到底有多大呢？这实在很难回答。股票市场的规模是以股票价格乘以发行的股数来衡量的，而这一法则在原油市场是行不通的。

在商品市场里，"买到的商品"大多数都会被卖掉，而"卖掉的商品"大多数又会被买回来。也就是说，不管是"买"还是"卖"，最终互相抵消的占多数。所以实际进行的商品交付过程所涉及的金额，只占总价值的2%～3%左右。因此无法像股票市场一样，将总价值作为衡量市场规模的标准。所以，一般情况下，我们都通过观察交易额和未平仓量的变化来判断商品市场的规模。

商品市场是高风险、高回报的

我们通常认为投机资金是从"钱"（金融商品）转换为"物"（实物商品）的。然而金融市场的投机资金如果有一部分进入了商品市场，就会出现"大象跳入池塘"的状况。

换言之，如果原料价格的波动太大，对于投机资金而言，风险很高，获利也很大。

利用这一机会赚钱的投资基金，称为"对冲基金"。对冲基金是另类投资（Alternative Investment）的核心。这里所说的另类投资指的是在传统的投资之外的其他各种金融领域进行的投资，如黄金、原油等商品，以及指数、期权、私人股本资金（未公开发行的企业股票）、不动产等。

在这种情况下，为了规避"所有的鸡蛋都在一个篮子里"带来的风险，通常会把不同风险的投资对象组合起来——这也是另类投资的特点。另类投资的一个典型代表就是对冲基金。

基金的进入造成了市场的混乱

对冲基金把风险和回报以最佳的方式组合起来，不管行情是涨还是跌，都可以获得绝对的利润。商品基金就是在商品市场上运用对冲基金。

基金指的是从个人或机构投资者那里取得资金，以投资信托的方式来运作。当流入市场的基金增加的时候，价格变动也相应地幅度变大，从这个层面来看，可以说基金是导致市场混乱的要因。

然而，进入21世纪以后，不只是这种暂时性买进和卖出的对冲基金，长期性的"只买进不卖出"的年金等，也进入了原油和黄金市场，原油等商品价格也因此被抬高。

美国的基金规模

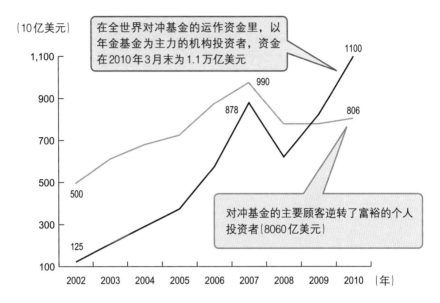

〔10亿美元〕

在全世界对冲基金的运作资金里，以年金基金为主力的机构投资者，资金在2010年3月末为1.1万亿美元

1100

990

878

806

500

125

对冲基金的主要顾客逆转了富裕的个人投资者〔8060亿美元〕

1,100

900

700

500

300

100

2002　2003　2004　2005　2006　2007　2008　2009　2010　〔年〕

资料来源：花旗基本财务分析，基于对冲基金研究公司（HFR）2010年第四季度的全球数据，麦肯锡、Preqin、格林威治联营公司（Greenwich Associates）的数据。

5 所有资源的价格曲线都是一致的吗？
——"资源低价时代"的终结

从发达国家到新兴国家——经济势力的转移

国际货币基金组织（IMF）会定期在每年的4月和10月发布世界经济展望报告。"雷曼事件"以后，世界经济局势的变动令人眼花缭乱，所以预测也时常进行修正。下面的图表（第51页）就选自2012年4月发表的世界经济展望报告。

当今世界，新兴国家取代发达国家成为世界经济的领头羊，它们在全世界的发言权也随之扩大。也就是说，权力的转移正在逐步完成。世界经济势力的转移也导致了资源价格的升高。

反观主要资源价格的长期变化，我们可以发现，普通煤、铁矿石、石油、铜金属、天然橡胶的价格在1960年以前都稳定在较低的水平，尽管进入20世纪70年代后价格有所上升，但一直到1990年都可以说是资源的低价时代。进入2000年以后，这些资源的价格呈现出急剧上升的趋势。

1990年以前，纽约的原油价格一直维持在每桶20美元以下。进入2003年以后，价格急剧上升，在2008年7月的时候曾一度接近每桶150美元。这之后价格虽然有过下降，但在2012年的时候又恢复到了100美元的水平。然而在同年5月，欧洲债务问题引发了人们对世界经济发展停滞的忧虑，原油被大量抛售，价格也下降到了80～90美元。

铁矿石的价格在1990年以前的30年间，一直在每吨30美元左右浮动，而到了2010年，价格上升到了每吨180美元。这是由中国的粗钢生产量的急剧增加，导致铁矿石贸易的急剧扩大所引起的。

世界粗钢生产量在20世纪90年代是7亿吨，进入21世纪以后由于中国扩大生产，生产量在2010年超过了14亿吨。同时，世界铁矿石贸易量也由过去30年的4亿吨涨到了10亿多吨，足足增长至原来的2倍多。其中，有6亿吨的涨幅来自中国的进口。现在日本的钢铁制造商也不得不遵循中国制定的价格。这一系列的变动是资源"均衡价格"上升的开始。

供求关系变动使资源价格升高

另一方面，也有人认为近些年资源价格的升高是由投机①资金引起的，全球低利率的条件对其十分有利。那为什么投机资金在2000年以后才开始流入资源这个风险市场呢？

所有资讯都隐藏在价格的背后。在过去的半个世纪，价格受各类事件的影响上下波动，进入21世纪后，又都呈现出上升的趋势。因此，不仅仅是单个资源价格上涨了，整个"均衡价格"都发生了变化。而引起这一变化的最大的原因就是供求关系的改变。

原油价格在2000年至2010年上涨了将近50美元，这是由于决定原油价格的供求关系发生了变化，而不仅仅是由投机资金引起的。这可以说是世界已无法继续依赖化石燃料来发展经济的证据。

---

①投机〔speculation〕和投资〔investment〕的区别是什么呢？一般来说，我们认为，比起对利益的追求，更注重"安全性"的是"投资"，而把利益摆在第一位的是"投机"。在市场运行中，也有人把短期的资金投入看作投机，长期的看作投资。

IMF世界经济展望报告

	构成比	2007年	2008年	2009年	2010年	2011年	2012年	2013年	2011—2021年
	（2009年）	实际	实际	实际	实际	实际	预测	预测	平均成长率预测（%）
世界	100.0	5.4	2.8	−0.7	5.1	3.9	3.5（3.4）	4.1（4.1）	3.3
发达国家	53.1	2.8	0.1	−3.7	3.1	1.6	1.4（1.4）	2.0（2.1）	
美国	19.9	1.9	−0.3	−3.5	3.0	1.7	2.1（1.9）	2.4（2.3）	2.5
欧盟27个成员国	21.1	3.1	0.4	−4.2	1.7	1.4	−0.3（−0.5）	0.9（0.8）	1.9
日本	5.9	2.4	−1.2	−6.3	4.1	−0.7	2.0（1.6）	1.7（1.6）	1.0
新兴工业经济体	3.8	5.9	1.8	−0.7	8.4	4.0	3.4（3.3）	4.2（4.1）	
新兴国家	46.9	8.9	6.0	2.8	7.3	6.2	5.7（5.5）	6.0（5.9）	
撒哈拉以南地区	2.4	7.0	5.6	2.8	5.4	5.1	5.4（5.5）	5.3（5.3）	4.9
中东欧	3.5	5.5	3.1	−3.6	4.5	5.3	1.9（1.1）	2.9（2.4）	2.2
俄罗斯	3.0	8.5	5.2	−7.8	4.0	4.3	4.0（3.3）	3.9（3.5）	4.0
中国	12.9	14.2	9.6	9.2	10.3	9.2	8.2（8.1）	8.8（8.8）	8.0
印度	5.2	10.0	6.2	6.8	10.1	7.2	6.9（7.0）	7.3（7.3）	8.1
东南亚联盟	3.5	6.3	4.8	1.7	6.9	4.5	5.4（5.2）	6.2（5.6）	5.1
西亚和北非	5.0	6.7	4.6	2.6	4.4	3.5	4.2（3.6）	3.7（3.9）	4.4
中南美洲	8.5	5.8	4.3	−1.7	6.1	4.5	3.7（3.5）	4.1（4.0）	4.2

资料来源：国际货币基金组织（IMF）《世界经济展望更新》，2012年4月，括号内为1月份的预测值；2012年至2021年的数据为美国农业部（USDA）的预测值。

6 为什么资源价格居高不下？

——均衡价格上升

矫枉过正带来的资源价格上升

我们可以从以下三个方面来看资源价格"均衡点"的变化。

一是由一般商品价格的上涨引起的初级产品价格的调整。IMF的统计数据显示，发达国家一般商品的价格以每年3%的速度上涨，在过去的将近30年里，价格上涨为最初的2.5倍。

与此相对，一般农产品、天然橡胶、咖啡、砂糖、铁矿石、石油等50种初级产品的价格几乎都没有上升，反而呈现出下降的态势。2000年以后资源价格的急剧上升，也可以说是对过去过于低廉的价格的调整。

而且，近年来，发达国家出现通货紧缩的趋势，而新兴国家的通货膨胀却在不断加强。资源价格也在很大程度上受到这些新兴国家物价的影响。

原油价格左右着其他资源的价格

第二是由原油价格上升引起的其他资源价格的调整。

原油作为产业发展的基础原料，当其均衡价格发生变化的时候，其他资源的相对价格也会随之改变。比如，20世纪80年代到90年代，原油价格还不到每桶20美元，铁矿石和煤炭的价格分别为每吨不到30美元和每吨不到40美元。

2012年原油价格达到了每桶90~100美元,相当于20世纪八九十年代的4~5倍之多。原油是能源和原材料的代表,在其价格上升了4~5倍且人们普遍认为价格不会下降的时候,其他能源的价格就会随着原油价格的涨幅向上调整4~5倍。

所以,铁矿石的价格超过了每吨100美元,煤炭价格超过了每吨150美元也没什么可奇怪的了。表面上和原油没什么关系的谷物也不例外。现代农业生产中,从燃料到肥料、农药,无一不依赖石油,因此石油均衡价格的变化会带来谷物生产费用的变化,从而影响谷物价格。

第三是掌控世界经济的力量由发达国家向新兴国家转移,使得资源的供求关系发生了变化。价格由发达国家现货的供求状况来决定的时代已经过去,现在的资源价格是由新兴国家未来的资源需求状况所决定的。

进入21世纪以后,"金砖四国"等人口大国的经济持续快速发展,工业革命以来的200多年里消费量倍增的优良资源的消费进一步加快,资源逐渐枯竭。也就是说,生产价格低的优良资源,大部分已被消耗殆尽。但是,观察人均GDP我们可以发现,中国、印度等新兴国家的经济发展任重而道远,要进入发达国家的行列至少还需要10~15年。

展望未来,资源需求扩大,供给已经不足。因此必须要开发"未提炼的资源"和"不易开发的资源"才能满足需求。但是开发这类资源又需要花费大量的时间和金钱。换句话说,资源的市场价格必须要体现出这一高额的生产价格,才能使资源开采继续下去。

近年来资源均衡价格的变化显示出以地下资源为依托的20世纪的发展模式已经走到了极限。而绿色新政的推行,太阳能发电、燃料电池、混合动力车、电力机动车等的盛行又可以看作是对以太阳系能源为依托的21世纪的发展模式的摸索。我们必须要实现从20世纪的发展模式向21世纪的发展模式的转变。另一方面，这些太阳系能源产业群的发展也唤起了对稀有金属等新资源的需求。

发达国家CPI（一般物价价格指数）和初级产品的价格指数

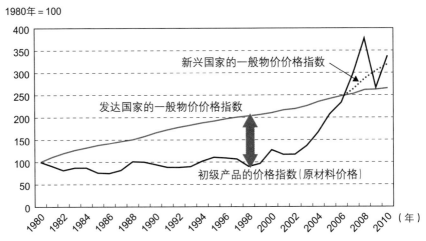

1980年 = 100

资料来源：笔者据国际货币基金组织（IMF）的数据绘制。

7 中国的新课题
——发展所需的资源不足

腾飞的中国经济

中国对于日本来说是个不容忽视的存在。不管是"亲中"还是"仇中"，其共同点就是通过望远镜放大地看中国。确实，从中国这个整体来看，其崛起令世人瞩目。但如果从人均的角度来看，它的经济增长也并不可观。这一事实也是现在中国所面临的一大难题。

"文化大革命"结束以后，务实的邓小平在1978年提出了"改革开放"的方针政策，实现了从革命路线向建设路线的转变。从此，中国在市场经济的带动下开始了持续的经济增长。1978年中国的GDP为2,000亿美元，到了2000年，GDP已达到1万亿美元，超越意大利成为世界第六大经济体。与此相对，它的人均GDP却还不到1,000美元。为了使国家更加富足，中国不得不加快经济发展的脚步。2001年11月中国加入了世界贸易组织(WTO)，之后便以出口、外资、开发利用海外资源为三大引擎推进经济发展。2010年超越了日本，一跃成为世界第二大经济体。中国经济在30多年的时间里一直保持着约10%的增长速度。

这30多年中国经济的发展也对资源市场造成了巨大的影响。尤其是2003年到2007年，中国经济快速发展，原油、铜、大豆等资源的进口急剧扩大。2008年受到"雷曼事件"的影响，经济发展有所减缓，但2010年以后又重新步入正轨，以10%的增长率快速发展。有人称这种现象为"中日GDP逆转"。

经济发展模式的转变

中国在过去的30多年里，一直以"大量投资—大量生产—大量消费—大量废弃"的模式发展经济。最担心这种发展模式的可以说是中国自己。中国的GDP呈现出累积增长的态势。从下面的图中可以观察到，中国的GDP几乎是垂直上升的。实在很难想象将来会如何发展。

基于这种担忧，中国政府在第十二个五年计划(2011—2015)中制定了一系列应对措施以促进经济发展模式的转变。

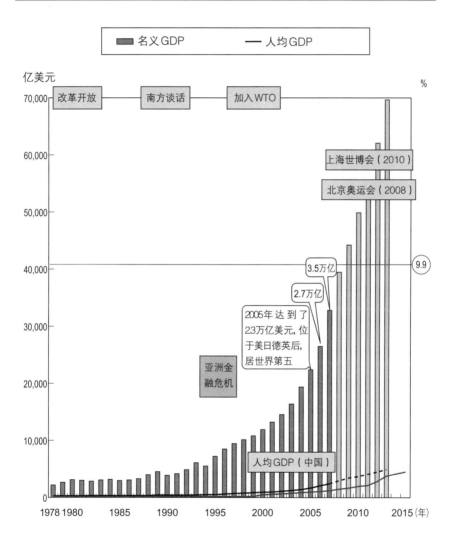

中国GDP的变化

图例:■ 名义GDP ── 人均GDP

亿美元

- 改革开放
- 南方谈话
- 加入WTO
- 上海世博会（2010）
- 北京奥运会（2008）
- 3.5万亿
- 2.7万亿
- 2005年达到了23万亿美元,位于美日德英后,居世界第五
- 亚洲金融危机
- 人均GDP（中国）
- 9.9

1978 1980 1985 1990 1995 2000 2005 2010 2015（年）

注：预测来自丸红经济研究所。

资料来源：根据中国国家统计局编纂、中国统计出版社出版的《中国统计年鉴（各年版）》,中国国家统计局的公开数据,日本国立印刷局出版的日本内阁府《经济财政白皮书（各年版）》,以及国际货币基金组织（IMF）的数据绘制而成。

8 人民币升值是把双刃剑

人民币改革的三个重要观察

前文探讨了中国在世界资源市场上的崛起。此外，中国在全球货币市场的存在感也正大大加强。

众所周知，人民币是中国所发行的货币。随着中国经济的崛起，"人民币的升值""欧元、美元、日元"等话题经常出现在报纸、电视的新闻报道中。货币市场到底发生了什么呢？

货币具有支付手段、价值尺度、贮藏手段这三大职能。现在普遍认为人民币的价格低于其应有的价值，因此大家都在期待人民币的升值，但各国始终摸不透中国政府的想法。

中国的对美战略

美国政府认为人民币币值过低导致中国产品大量流入美国，使中国对美国的贸易顺差不断扩大。因此，美国方面一直在要求人民币升值。

实际上，中国的对美贸易顺差在2001年只有225亿美元，而到了2008年就已增至2,981亿美元，扩大了10倍之多。虽然在2011年一度缩小到了1,550亿美元，但贸易顺差额仍旧很大。2011年中国的对欧贸易顺差也达到了1,448亿美元，然而对日本却有462亿美元的贸易逆差。

中国从日本和韩国进口零部件和中间材料，然后加工为成品出口到美国,因此中国对日韩是贸易逆差的状态。针对这一情况,2010年1月奥巴马政府提出了"国家出口战略",要在5年内使出口额翻倍,并解决200万人的就业问题。显然,这个出口面向的是中国这一潜力巨大的市场。

另一方面,中国政府主张人民币改革要坚持主动性、可控性、渐进性这三大原则。"主动性"是指改革要坚持自己的判断而不能受其他国家的影响。"可控性"是指汇率的突然升高会对出口产业造成打击,使经济陷入混乱,因此改革要维持在经济稳定可控的范围内。"渐进性"指的是即使人民币要升值,也要缓慢地升值。中国2010年的人均GDP为4,400美元。而发达国家的标准是1万美元,因此,中国政府认为中国还比较贫困,人民币升值还要慢慢来。在美国等国家的要求下,美国、英国、联邦德国、法国、日本五国曾在1985年9月达成了"广场协议",确定了日元的大幅升值。而中国现在对美国要求人民币升值提出的反对意见就和当时"广场协议"之前日本对美国的反对十分相似。虽然时代变了,但当经济社会发展到一定阶段时,相同的事件似乎还会再次上演。20世纪70年代,日本企业通过对美、对欧出口钢铁制品、家电、半导体、汽车而快速发展。这也是中国企业的现状。

"广场协议"之后,由于日元急剧升值,出口产业首先受到影响,日本经济也随之受到了较大的冲击。此后,日本企业积极应对日元升值,改变经营模式,取得了更大的发展。中国政府也在学习日本的经验,以便更好地应对这一挑战。

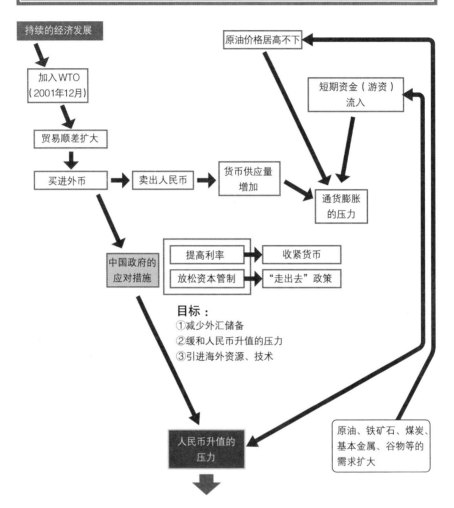

中国的人民币政策

持续的经济发展

↓

加入WTO
（2001年12月）

↓

贸易顺差扩大

↓

买进外币 → 卖出人民币 → 货币供应量增加

原油价格居高不下

短期资金（游资）流入

通货膨胀的压力

中国政府的应对措施

| 提高利率 | → 收紧货币 |
| 放松资本管制 | → "走出去"政策 |

目标：
①减少外汇储备
②缓和人民币升值的压力
③引进海外资源、技术

原油、铁矿石、煤炭、基本金属、谷物等的需求扩大

人民币升值的压力

↓

2007年金融资本市场进一步放开
不受G7等国对人民币升值要求的影响，坚持自主地使人民币升值
2005年7月21日，1美元兑换8.275元人民币
中国开始实行一篮子货币政策

9 资源消费国的能源战略

"新资源民族主义"的登场

资源国把本国资源储藏起来的做法称为"资源民族主义"。而中国作为世界少有的几个资源大国，因本国所拥有的资源不足以满足旺盛的国内需求，就将积极引进海外资源作为一个重要的国策。中国的这种做法可称为"新资源民族主义"。

从国家整体来看，中国是个经济大国，也是世界上屈指可数的资源大国。但如果将这些经济总量和资源总量除以中国的人口得到人均情况，中国可以说是资源匮乏，在今后的发展道路上也会面临资源不足的问题。

尤其是2008年，原油、矿物、农产品等所有资源的价格都创造了历史新高，于是中国正式开始实行国家资源战略。这一战略与日本的国家资源战略不同。把新华通讯社和报刊杂志等刊载的零碎信息加以整理，我们可以得到中国国家资源战略的三大支柱。

资源战略的三大支柱

1.保证国内外的供给量

中国尚有大量未经勘探开发的煤炭、石油等资源。近年来，中国已将这些资源列入开发计划。同时，为了确保石油、天然气、铁矿、铜矿、稀有金属等资源的海外权益，中国积极开展和非洲、中东、中南美、澳大利亚的合作。

2.国家资源储备

把本国能够自给自足的煤炭、钨、稀土类元素等储藏起来，同时进口国内蕴藏量无法满足的石油、铜等作为国家战略储备。近年来，大豆、玉米等也被纳入战略储备的对象。2008年8月，中国国家发改委设立了国家能源局。2008年一期建成的4个石油储备基地(镇海、舟山、大连、黄岛)已投入使用。至2015年中，中国共建成8个国家石油储备基地，总储备库容为2,680万立方米。粮食方面，粮食储备基地遍布全国，并由中国粮食储备管理总公司进行统一管理。同时，整顿大连港，进口粮食以丰富国家的粮食储备。

3.鼓励节能，减少需求

20世纪70年代，日本受到石油危机的冲击，处境艰难，因此采取了一系列节能措施来推动产业结构的升级。像当时的日本一样，现在中国也在努力升级"两高一资"的产业结构。具体来说，就是对钢铁、基本金属、煤炭、电力、石油化工、建筑材料等高耗能、高污染产业和资源消耗型产业进行升级，并由此减少每单位GDP的能源消耗量。中国政府计划在2020年使每单位GDP的二氧化碳排放量减少40%～45%(与2005年相比)。

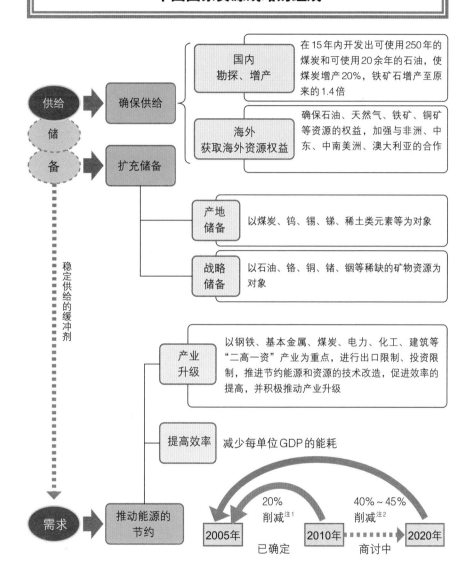

中国国家资源战略的组成

| | | | 在15年内开发出可使用250年的煤炭和可使用20余年的石油,使煤炭增产20%,铁矿石增产至原来的1.4倍 |

供给

储

备

稳定供给的缓冲剂

需求

确保供给 — 国内 勘探、增产 — 在15年内开发出可使用250年的煤炭和可使用20余年的石油,使煤炭增产20%,铁矿石增产至原来的1.4倍

海外 获取海外资源权益 — 确保石油、天然气、铁矿、铜矿等资源的权益,加强与非洲、中东、中南美洲、澳大利亚的合作

扩充储备 — 产地储备 — 以煤炭、钨、锡、锑、稀土类元素等为对象

战略储备 — 以石油、铬、铜、锗、铟等稀缺的矿物资源为对象

产业升级 — 以钢铁、基本金属、煤炭、电力、化工、建筑等"二高一资"产业为重点,进行出口限制、投资限制,推进节约能源和资源的技术改造,促进效率的提高,并积极推动产业升级

提高效率 — 减少每单位GDP的能耗

推动能源的节约

20% 削减注1

40%～45% 削减注2

2005年 已确定

2010年 商讨中

2020年

注1:"十一五"规划的目标。
注2:中国社会科学院:《2009年中国可持续发展战略报告》,2009年3月。
资料来源:(日本)丸红经济研究所。

10 资源民族主义是什么？
—— 与20世纪六七十年代对比

摆脱欧美资本，强化自主管理

单一栽培（Monoculture），从定义上来说，指的是栽培种植单一种类作物的农业。一般来说，发展中国家的出口依赖于某种特定的农产品或矿物资源。而这些初级产品的价格受供求影响变动率较大。发展中国家的出口依赖于价格不稳定的初级产品，因此出口收益的变动也较大。所以，如何把出口贸易从"单一栽培"中解脱出来，就成为发展中国家经济政策的重大课题。

初级产品交易条件的恶化导致了一系列必然的变动。1962年，联合国发布了《关于自然资源永久主权的宣言》，指出"各民族及各部族行使其对自然财富与资源之永久主权，必须为其国家之发展着想，并以关系国人民之福利为依归"。因此，20世纪60年代到70年代，发展中国家之间兴起了资源民族主义的浪潮。通常，我们把资源所有国为了本国经济的发展而优先使用并储藏资源的行为称为资源民族主义。具体来说，就是资源所有国为了维持初级产品的价格而缔结国际商品协定的行为。

然而历史就像个调皮的小姑娘。1973年发生了第一次石油危机，原油价格暴涨导致了全球粮食危机，因此引发了世界性的资源开发热潮。同时，这些资源的消费大国日本、美国、欧洲等发达国家不断推进节能进程，并推动产业结构升级，发展重点由重工业转向轻工业、服务业和软件行业。1980年，资源需求达到顶点。很多关于初级产品的协定都把石油输出国组织（OPEC）排除出去，这些协定也因失去了原有的功能而瓦解了。

新资源民族主义

进入新世纪以来，以新兴国家为中心，世界规模的资源争夺战不断展开。资源国一边储藏本国资源，一边在海外积极谋求资源权益。新资源民族主义由此兴起。

原油、天然气、铁矿石、炼焦煤、基本金属、稀有金属等资源的价格上升之后，资源国的外汇收入也随之增加。于是，这些资源国的财政逐渐雄厚，经济实力增强，一改过去受欧美诸国压迫的状况，反美、左派政权的根基加强，摆脱欧美资本的干预的要求越来越强烈。

具体的政策方向就是加强国家的自主管理。例如，提高所得税，提高权利金①，打破资源低价时代的旧条约，进行战略性交涉等。

2010年，澳大利亚也提高了对煤炭、铁矿石等资源的税收，并于2012年7月开始实行30%的矿物利用税（Mineral Resources Rent Tax,MRRT）。这种新资源民族主义导致了开发资金的流入减少，新技术的引进减少，新开采发掘的资源数量减少。因此导致资源供给减少，再加上中国的需求不断扩大，造成了资源价格的急剧上升。

---

①通常情况下，权利金（专利权使用费）指的是开发国家或地方政府所拥有的矿物资源所必须支付的费用，一般都在矿物资源卖出的时候支付。

新资源民族主义的浪潮

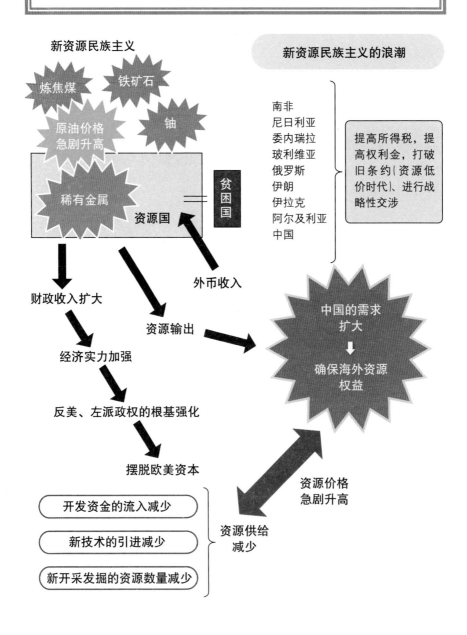

新资源民族主义

炼焦煤

铁矿石

铀

原油价格
急剧升高

稀有金属

贫困国

资源国

财政收入扩大

外币收入

资源输出

经济实力加强

反美、左派政权的根基强化

摆脱欧美资本

开发资金的流入减少

新技术的引进减少

新开采发掘的资源数量减少

资源供给
减少

新资源民族主义的浪潮

南非
尼日利亚
委内瑞拉
玻利维亚
俄罗斯
伊朗
伊拉克
阿尔及利亚
中国

提高所得税，提
高权利金，打破
旧条约（资源低
价时代）、进行战
略性交涉

中国的需求
扩大

确保海外资源
权益

资源价格
急剧升高

专栏二　国际主要石油公司的重组与合并

第二次世界大战后原油价格的变迁也可以说是一部国际石油公司与石油输出国组织的对抗史。

为了和国际主要石油公司对抗，在沙特阿拉伯和委内瑞拉的号召下，1960年9月，石油输出国组织诞生了。最初的加盟国有伊拉克、伊朗、科威特、沙特阿拉伯和委内瑞拉5个国家。

国际主要石油公司指的是从石油的勘探开采到油气输送再到冶炼销售，垄断性地经营石油产业的西方大型石油企业。具体包括美国的埃克森（Exxon）、美孚（Mobil）、德士古（Texaco）、雪佛龙（Chevron）、海湾石油公司（Gulf Petroleum Corp.），英国的英国石油公司（BP，British Petroleum, Ltd.），以及英国和荷兰共同出资的皇家荷兰—壳牌石油公司集团（Royal Dutch/Shell Group of Companies）这七家大型石油公司，号称"七姐妹"。此后，法国的法国石油公司（后更名为道达尔，Total S.A.）也不断壮大，有人将它连同上述的七家公司并称为"八姐妹"。

1999年，埃克森和美孚合并成为埃克森美孚，雪佛龙在1984年吞并了海湾石油公司，并在2011年收购了德士古。然而，进入21世纪以后，中国的两大国营石油公司——中国石油化工公司（Sinopec）和中国石油天然气公司（CNPC）迅速发展壮大，营业额已经超过了道达尔和雪佛龙。

七大国际主要石油公司是在第一次世界大战后资本主义国

家为了确保在中东地区的石油垄断利益而建立和联合起来的。各个公司都有其固定的市场占有率，随后又结成了利益共同体卡特尔，使石油价格维持在一个较低的水平。

第二次世界大战后，石油的需求急剧扩大。20世纪50年代，石油公司相继进行大规模的石油开发，使得石油市场出现供给过剩。为了应对这一局面，国际主要石油公司决定大幅降低当时每升2.08美元的石油价格。这一降价举措根本没有征得产油国的同意，甚至都没有事先通知他们就单方面实行了。产油国要求国际石油公司在制定相关政策时事先通知他们，却屡次遭到拒绝。最终，忍无可忍的产油国结成了自己的联盟——石油输出国组织。该组织在建立之初的十年，虽然在一定程度上缓和了供求关系，但也造成原油价格的上升，并没有对世界石油市场作出多少贡献。

石油输出国组织和国际石油公司的力量对比发生变化，是在1970年9月利比亚宣布提高原油价格和所得税之后。尤其是在1973年10月，随着第四次中东战争的爆发，石油输出国组织的发言权大大增强，主要的国际石油公司瞬间举步维艰。石油输出国组织乘胜追击，把原油价格的管理权从石油公司手中夺了过来，并决定进一步提高原油价格。对依赖中东石油的发达工业国家来说，打击之大可想而知。同时，原油价格的上涨也引起了物价的上升，通货膨胀加剧。这就是第一次石油危机。

1979年，伊朗爆发了伊斯兰革命。亲美的巴列维王朝政权被推翻，霍梅尼（Khomeini）领导的伊斯兰教什叶派夺取了政权。这次政变使伊朗的石油生产中断。石油输出国组织便以此为契机提高了原油价格。这就是第二次石油危机。1979年9月12日，苏联进攻阿富汗。1980年9月，伊拉克和伊朗爆发了战争。这些冲击使得原油生产量减少，价格不断上升，现货价格曾一度高达每桶40美元。

石油价格在20世纪70年代上涨了约20倍，之后不再上涨，而是突然改变走势，呈现出下降的趋势。这是因为俄罗斯、挪威、中国等非石油输出国组织成员也接连展开了能源的开发。石油输出国组织石油产量的市场占有率在1973年达到了巅峰的55%，1979年下降为48%，2012年已降至35%。

第 3 章

非资源国将何去何从？

1 石油能实现"去中东化"吗?

——世界的开发战略

资源不足动摇了日本"制造大国"的地位

对"制造大国"日本来说，确保石油等资源的供给是一个极其重要的课题。20世纪被称为"石油的世纪"，石油资源世界里主角的变化简直令人眼花缭乱。20世纪60年代以前是西方主要石油公司的时代，70年代是石油输出国组织〔OPEC〕的时代，80年代是发达石油消费国的时代，90年代是市场主导〔原油价格持续低下〕的时代。这几十年里，除了20世纪70年代，日本的石油稳定供给都没有受到威胁。

进入21世纪以后，石油价格的涨势更加明显，再加上日本大地震和福岛第一核电站事故的打击，日本长期面临着资源和能源的供给不足。同时，由于日本人口的老龄化〔人口减少〕、税收增加、中国及亚洲其他新兴国家的快速发展，日本作为"制造大国"的产业根基很可能会被动摇。

受到打击的产业主要是汽车和电子产业。日本从国外进口低价的原材料，通过加工赋予产品极高的附加值再出口到海外，其间又带动一些相关产业的发展。这就是日本的经营模式。

最令人担忧的是电力长期不足。在国家完成对核电的评估之前，电力公司只能通过提高火力发电站的运转率来维持电力供给。因此，必须确保石油、天然气、煤炭的稳定供给。然而，从20世纪70年代的两次石油危机中，日本得到了什么教训呢？是否实现了"去中东化"呢？

下页的图表比较了石油危机和新世纪以来的石油价格上升对日本经济的影响。值得注意的有以下几点：

⑴一次能源中石油所占的比例在20世纪70年代时为70%，而近年下降到了40%。同时，燃气、石油、核电等所占比例上升，能源日趋多样化。

⑵但是，日本在原油方面对中东的依存率仍高达76%~80%，并没有实现"去中东化"。而储备天数则由20世纪70年代的67天、92天增加到现在的193天，主体也由民间变为政府。

⑶关于价格的涨幅，20世纪70年代从每桶3美元上涨到每桶43美元，涨了13倍；而近年从每桶58美元上涨到每桶147美元，只涨了1.5倍，虽然涨幅变小，但也足足涨了100美元之多。

⑷近年，石油进口占总进口的比例从1980年的43%下降到了18%。原油进口的数量从28,861万千升逐渐降至21,443万千升。同时，日元的汇率从273日元╱美元涨到了83日元╱美元，足足涨了两倍多。

我们可以得出结论：如果说20世纪70年代的石油危机是"外伤导致的急性病"，那么这次就是"内脏的隐性病变"。若要说哪个对日本的打击更大，我认为由于国民危机意识的淡薄，这次的隐性疾病危害更大。

石油危机及其对日本的影响

	第一次石油危机 1973.10—1974	第二次石油危机 1978.10—1982	原油价格升高 2007.01—2009.07	东日本大地震 2011.03—2011.05
危机的经过	第四次中东战争，OPEC的石油出口减少	伊拉克革命，石油出口中断	新兴国家的需求增加，OPEC的供给力减弱	由于地震而造成供需混乱，并伴随有原爆事故
石油在一次能源中所占的比例	77%	71%	43%	42%
原油的中东依存度	78%	76%	80%	77%
原油价格上升前的值与上升后顶点值的比	阿拉伯轻质油 3→12（美元/升） 4倍	阿拉伯轻质油 12→42（美元/升） 3.5倍	WTI 58→147（美元/升） 2.5倍	WTI 102→99（美元/升） 3%
原油进口价格在这段特定时间的最高值（日元/升）	CIF价格 21.5日元	CIF价格 57日元	CIF价格 92日元	CIF价格 58日元
汽油零售价格在这段特定时间内的最高值（日元/升）	114日元	177日元	185日元	153日元
原油进口量（万千升）	28,861 （1973年度）	27,714 （1979年度）	22,441 （2008年度）	21,443 （2010年度）
储备天数	67天 民间：67天 政府：0天	92天 民间：85天 政府：4天	182天 民间：85天 国家：97天	193天 民间：79天 国家：114天
原油进口数量占总进口数量的比例	23% （1973年度）	43% （1980年度）	22% （2008年度）	18% （2010年度）
汇率（日元/美元）	298日元 1974.08	273日元 1982.11	107日元 2008.07	82日元 2011.03

资料来源：参考石油通信社：《石油资料》。

2 即将达到临界点的"地下系"资源

从"地下系"向"太阳系"转变

近年来资源价格的升高，可以说是以石油、煤炭等地下资源为依托的20世纪的发展模式达到了极限的预警。同时，绿色新政、太阳光发电、太阳热发电、燃料电池、混合动力车、电动汽车大受欢迎也象征着人类社会进入了向以太阳系能源为依托的21世纪发展模式转变的过渡期。

问题是，我们无法等待经济模式从地下系资源自动转向太阳系能源，这一过程必须依赖人类的意识主动推动。如果不能大力推进，自动转变需要长达30～50年的时间。然而，我们人类，或者说是地球，已经等不了这么长时间了。恐怕在2030年前后，地球就会迎来一个"临界点"。以石油为例，浓缩成液体的石油（常规石油）生产费用较低。乐观估计，到2030年，这种石油全部蕴藏量的一半将被开发，石油开采将达到顶点。届时，地球的平均气温将升高2℃。地球所能承载的人口数量为80亿（而按照预测，世界人口数量将在2025年突破这个数字），迎来临界点。也就是说，地球将发展成一个人类无法控制的状态。

社会经济转变的困境

因此，我们必须要抓紧完成从"地下系"到"太阳系"的转变。现在居高不下的资源价格就是过渡期所必需的费用，也可以说是为了使地球不超过其临界点而支付的保险费。如果要从制度上加快转变速度，可以采取"排放量交易""排碳税""环境税"等有效的措施。也有人对"排放量交易"制度提出异议，认为把自然和环境作为交易对象并不合适，然而这确实是平稳度过过渡期的一个有效方法。

现在最大的课题是如何从依赖"地下系"资源转向以"太阳系"资源为主。地球政策研究所（前身为世界观察研究所）所长莱斯特·布朗（Lester Brown）称这一课题为"方案B"。他把迄今为止以地下系能源为依托的社会体系称为"方案A"，把我们最终的目标——以太阳系能源为依托的绿色环保可持续的社会体系称为"方案C"。因此现在的这个过渡时期可以看作是"方案B"。

日本摩根证券的数据显示，由于汽油价格的上升和环保政策的强化，预计世界的混合动力车销售量将从2008年的48万辆增加到2020年的1128万辆，销售量将扩大为原来的23.5倍。通常情况下，汽车的使用年限为15~20年。所以即便想要马上淘汰汽油车，使混合动力车和电动汽车等第二代汽车普及起来，也还需要很长一段时间。

以构筑一个脱碳社会为目标，我们要加快应用太阳光发电、太阳热发电等技术，推动二次电池、燃料电池的开发和普及。此外，在过渡期利用地下资源时，推动能源和资源的节约、采取绿色环保的措施显得尤为重要。在汽车方面，要不断开发燃料效率高、性能良好的汽车。同时，要因材制宜、因时制宜、因地制宜地进行生物燃料、GTL（Gas-to-Liquids）、CTL（Coal-to-Liquids）等替代燃料的组合和开发。

第二代汽车的开发方向

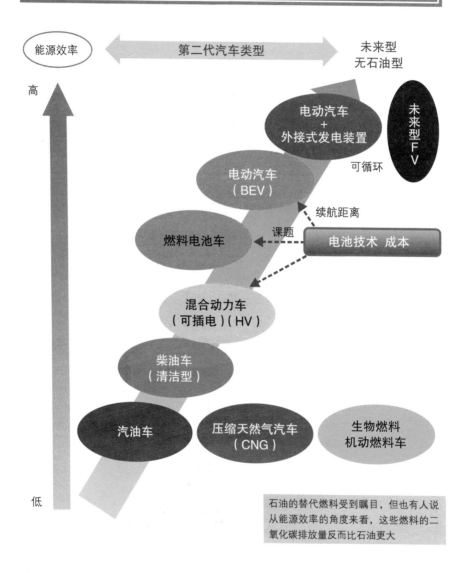

能源效率

第二代汽车类型

未来型
无石油型

高

电动汽车
＋
外接式发电装置

未来型
FV

电动汽车
（BEV）

可循环

续航距离

燃料电池车

课题

电池技术　成本

混合动力车
（可插电）（HV）

柴油车
（清洁型）

汽油车

压缩天然气汽车
（CNG）

生物燃料
机动燃料车

低

石油的替代燃料受到瞩目，但也有人说
从能源效率的角度来看，这些燃料的二
氧化碳排放量反而比石油更大

资料来源：参考丸红经济研究所数据绘制。

缓解温室效应——石化燃料利用率100%的飞机

欧盟（EU）委员会于2006年12月决定，只要是在其成员国境内起降的飞机，不管其运营公司属于哪个国家，都要遵循欧盟有关温室气体排放量的规定。境内航线从2011年开始实施这一规定，所有飞往、飞经、飞离欧盟成员国机场的飞机从2012年开始实施。

为了应对，美国的飞机制造商波音公司（The Boeing Company）迅速把欧洲航线的主要中型机——波音787的燃料费用降低了20%。具体而言，就是通过降低机体重量、改良引擎设计来减少金属用量，同时使用碳纤维等轻量新型材料。波音公司使用的是东丽株式会社的碳素纤维（Carbon Fiber）。

碳素纤维经常被应用于制作高尔夫球棒的长柄和钓鱼竿，可以说是我们日常生活中所熟悉的材料。然而近年来，东丽株式会社把其应用扩大到了航空器机体的制造中。碳素纤维比铝合金更强韧、更轻巧。东丽株式会社和日本的汽车制造商一起，共同开发研制质量更轻的车体。车体质量的减少能提高燃料的使用效率，减少燃料的用量，从而减少温室气体的排放。

主要国家加强了对排放量的控制

美国

【绿色新政】

● 截至2015年，美国将生产100万辆插电式混合型动力车（最大油耗150英里每加仑，二氧化碳排放量为37克/公里*）。

● 通过了加利福尼亚州关于排放量控制制度的新规定，并将之应用到纽约州和其他13个州，计划使2016年的二氧化碳排放量比2002年减少30%。

强化燃料费用规定，2020年时达到平均油耗35英里每加仑，平均二氧化碳排放量160克/公里*。

欧盟

● 必须使二氧化碳的排放量在2012年从2007年的160g克/公里减至130克/公里（由于轮胎等的改良增加了10克，实际应该是120克/公里）。

◆ 每辆汽车的排放量每超过1克，就要交20欧元的罚金（2012年）。照此计算，每年的罚金总额高达140亿欧元。

◆ 对象：在欧盟成员国境内出售的所有汽车，包括日产和美产。

日本

● 2015年度燃料费基准：2015年轿车的平均油耗为16.8公里/升，二氧化碳排放量为140克/公里*。

*汽油的二氧化碳排放系数按2.3857kg–CO_2/L计算。

资料来源：参考丸红经济研究所的数据。

3 如何开发利用太阳系能源

寻求各种发电方法的最佳组合方式

2011年的日本大地震和福岛第一核电站的泄漏事故以后，日本政府开始修正决定日本未来能源政策的"能源基本计划"。

2010年6月制订的现行能源基本计划以同时达成"稳定供给""环境保护""经济性〔活用市场机制〕"这三大课题为目标，并希望以核电为中心，提高零排放〔废弃物排放为零〕电源比率。日本政府原本计划到2030年，使核电的占比达到总电源的50%。

福岛事故后，要求废止核电的呼声越来越高。为了修正原来的能源方案，经济产业省的综合资源能源调查会基本问题委员会于2011年12月6日召开了第六次大会。此次会议以前五次的会议为基础，整理了相关的意见和建议。

草案旨在找出各种发电方法的最佳组合方式，包括输电网和配电网的协调。具体来说，包括以下几个方面：加强节能；开发太阳光、风力、小水力、生物等可再生能源；推动化石燃料的有效利用，降低对核能的依赖程度等。

关于核能的中长期利用，同时存在两种意见。有许多人认为，应该尽早终止核能的开发；也有人认为日本肩负着和平利用核能的国际责任，应该战略性地维持合理比重的核电。也有人对委员会整理意见的方法提出了异议。有人认为"应该明确日本支持或反对核电的立场"，还有人认为"应该对核电依赖程度达成一致"。当然也有人认为这次会议虽然有很多不同意见，但也能从中找到一致的地方，因此也算是一个进步：把各种意见和建议都进行了汇总。可见大家对这次会议的看法并不一致。

日本经济产业大臣枝野幸男以能源委员会的讨论为依据，在2012年夏制定出新的"能源基本计划"。这个计划必须体现政府"改变能源环境战略"的基本意志。为此，政府正在对"国民争议"——2020年核电应占的比例是0、15%，还是20%～25%——进行意见汇总。

那么，今后日本的综合能源状况又会发生怎样的变化呢？除了化工燃料，日本还需要引入包括可再生能源发电在内的各种发电方法，并寻求效率最高的组合方式。目前，可再生能源发电只占总发电量的3%。而且，能源需求会随着季节和时间的推移不断变化，随意性较大，而可再生能源受自然条件的影响较大，不像石油、天然气发电等能自由地控制发电量。但是，可再生能源不会污染环境，也不会排出温室气体二氧化碳，因此必须要加快可再生能源的利用。具体来说，可再生能源可分为以下几类：

太阳光发电

使用太阳电池把光能直接转换成电能。据说只要照射到地表的太阳光能量的1.7%，就足以支撑现在地球上70亿人口的生活。只要是太阳能照射到的地方就能进行太阳光发电，而且其装置一经安装，几乎不需要后期维护。在灾害等特殊时期，太阳光发电也可以用来应急。但是，太阳光发电也有缺点，那就是发电量受天气影响较大，而且前期投入的成本巨大。

买进可再生能源的价格

		日元/千瓦时	期限（年）
太阳光	发电能力10千瓦以上 发电能力10千瓦以下	42.00 42.00	20 10
风力	20千瓦以上	23.10	20
小型风力	20千瓦以下 1000千瓦以上，3万千瓦以下	57.75 25.20	20 20
水力	200千瓦以上，1000千瓦以下 200千瓦以下	30.45 35.70	20 20
地热	1.5万千瓦以上 1.5万千瓦以下	27.30 42.00	15 15
生物质能	沼气发酵汽化发电 未被利用过的木材燃烧发电 一般木材等燃烧发电 木材以外的其他废弃物燃烧发电 回收再利用的木材燃烧发电	40.95 33.60 25.20 17.85 13.65	20 20 20 20 20

注：买入价格已含地方税、消费税。

资料来源：《日本经济新闻》，2012年6月14日。

风力发电

利用风力使风车转动，并将转动产生的动能传到发电机里转换成电能。年平均风速在6米/秒以上的地方就能利用风能发电，其优点是夜间也能持续发电。风力发电是可再生能源发电中成本较低的一种。

小水力发电

利用水力转动水轮，并将转动产生的动能转换为电能。在中小型河流或者农业用水区，水位落差超过2米的地方就能利用小水力发电。在水资源丰富的日本，小水力是很有前景的可再生能源。

地热能发电

把地下蕴藏的地热用蒸汽或者热水的形式导出来，并以此推动汽轮机（叶轮）转动从而发电。日本作为火山国，地热能极其丰富。然而这些地区通常都建有国立公园或温泉，要开发并不容易。

生物（质）能发电

燃烧由生物演变的资源（即生物量，biomass），产生电能。在燃烧的过程中会产生二氧化碳，但是这些二氧化碳是植物在成长过程中光合作用所吸收的，因此这一过程可以看作是碳中和。

因此，从2012年7月1日开始，日本政府开始采取措施，高价买断可再生能源生产的电能。为了推进和普及太阳光、水力、地热、生物等可再生能源发电，政府与电力公司签订了15～20年的长期购买协议。

可再生能源

太阳光发电

风力发电

小水力发电

地热发电

生物〔质〕能发电

资料来源：日本政府的网上报告。

4 | 为渡过危机而进行的革新

利用节能环保技术抓住商机

2011年3月11日东日本大地震以及随之而来的核事故凸显了日本长期电力不足的隐忧。加之以石油、煤气、煤炭为原料的火力发电电量输出增加，日本在京都议定书中定下的2008年至2013年温室气体的平均年排放量比1996年下降6%的目标，实现起来就显得尤为困难。另外，政府曾于2005年计划确定了产业和国民应该达成的目标。然而这个计划原本是以核能发电厂的正常运转为前提的，而这次事故使得整个计划受挫。如果真的不能实现的话，日本不得不花费数千亿甚至上万亿日元从海外购买排放权。这会引发日本的财政问题，导致重大的政治矛盾。

另一方面，由于经历了20世纪70年代的两次石油危机，日本不断推进能源和资源的节约。因此，众所周知，日本的能源使用效率已经达到了世界最高水平。也可以说日本从石油危机以来不断革新的节能环保技术在资源高价的时代获得了商机。

日本引发的节能环保技术革新

温室效应和资源的枯竭这两大不可逆转的危机不只是日本，更是全世界所面临的重大课题。而我们所能做的就是通过节约能源和资源，积极引进太阳系能源来减缓问题恶化的速度。其关键词是减少（Reduce）、替代（Replace）、重复（Reuse）、循环（Recycle）等，即始终促进"Re"技术的开发，坚持由日本在新技术领域带动各方面的革新。

接下来介绍一下日本企业利用节能环保技术的事例。熊彼特所倡导的创新，首先是由若干先进的企业带动的，而一旦打开了创新的大门，所有人都会接二连三地进行创新，最终将会引发整个社会的化学变化。

把废铁变成高级钢材的技术

把铁矿石放在锅炉里融化后能提取出成色好的钢铁，同时会产生一些废弃的铁屑。新日本制铁株式会社开发出了把这些废铁和特殊材料混合后制成高级钢材的技术。日本购入的铁矿石级别较高，但世界蕴藏量的八成都成色较低。需求不断扩大的中国，铁矿石大多也成色较低。因此，把成色低的铁矿石转换成高级钢材的技术一旦得到广泛应用，将对降低成本有很大的帮助。

减少燃料使用量和温室气体排放量的技术

改善燃气炉加热不均，提高燃料效率的技术

宇部兴产株式会社正在开发能提高燃料效率的热绝缘材料。制造汽车零部件的锅炉所使用的热绝缘材料就是这种无机非金属的无纺布。把这种材料用于锅炉内壁能使炉内受热均匀，即通过改善受热不均的现象来提高燃料效率。用这种方法能节约20%～30%的燃气。

减少电能损耗的碳化硅功率半导体

我们必须要快速普及硅和碳的化合物——碳化硅半导体的应用。碳

技术革新的"4R"

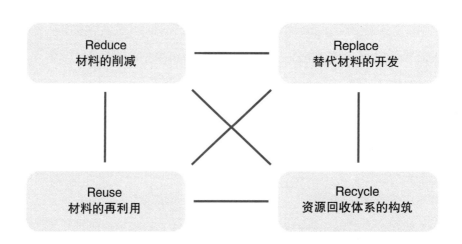

化硅功率半导体能使电能的损耗降低到硅制二极管的一半。同时，碳化硅半导体也可以应用于节约混合动力车、产业机械、太阳电池的电能。使用产品时，降低能耗就能节约电能。

5 | 没有石油的明天
——太阳光发电的能与不能

太阳能的优缺点

太阳能具有以下几个特点：

⑴能量巨大。照射到地球20分钟的太阳能就相当于全球一年的能源消费量。

⑵取之不尽。不同于地球上的一些枯竭型资源，太阳能是取之不尽用之不竭的。

⑶清洁。不同于石油、煤炭等化石燃料，利用太阳能不会排放出二氧化碳（CO_2）、硫化物（SO_X）和氮化物（NO_X）等温室气体和废气。

⑷地域公平性。不同于石油、铀等，太阳能不存在地域分布不均的问题，全世界任何地方都可以利用太阳能。而且，白天能源需求比较大，太阳能正好充足，利用效率较高。

⑸能源密度较低。地球上太阳能密度最大的地方也才只有1千瓦/平方米，可见密度（单位面积的利用率）之低。

⑹供给不稳定。太阳能受昼夜、时间、天气等的影响较大，若只是依靠太阳能的话，无法保证能源的稳定供给。因此要推动太阳能的普及，就必须要充分利用二次电池等蓄电装置。

利用太阳能的两个主要方法

⑴利用能直接把太阳光能转换为电能的太阳电池。在日本，有一座输出功率在100万瓦（1000千瓦）以上的大规模太阳能发电站"Mega Solar"。如今，以电力公司为首，众多企业和地方政府都在建设太阳能发电站。

⑵把太阳能转换为热能，以热能推动热力机工作来产生电能，即利用太阳的热能发电。

根据国际能源署（IEA）的分析，太阳电池的普及率先打开了人类利用太阳能的大门，而预计在2030年前后，太阳热发电的普及程度将会超过太阳光发电。

太阳热发电的原理是，利用凸透镜或反射镜将太阳直射光聚集起来并转换成热能，再利用热能驱动发电机从而产生电能。或者直接利用太阳能装置把热能转换成电能。那么，太阳电池的原理又是什么呢？

太阳电池和太阳热发电的原理

所有的物质都是由原子构成的，而原子是由原子核及其周围的电子构成的。半导体也是由这样的原子核和电子组成的。但是当施加在半导体上的能量超过一定程度的时候，原子核和电子的联系会减弱，也就是说半导体里的电子可以自由地游走。而太阳电池就是由两种类型的半导体组合而成的。当光照射在电池上的时候，电池负极的电子就会移动到正极，因此就产生了从正极流向负极的电流。这就是太阳电池运作的原理。

那么太阳热发电的原理就很容易理解了。太阳热发电是利用凸透镜或反射镜将太阳能直射光聚集起来，并用此加热通过导管的液体（水、油、熔融盐）产生高温高压的蒸汽，再利用蒸汽驱动汽轮机发电。太阳热发电有槽式和塔式两种不同的类型。槽式太阳热发电已经被广泛应用，而塔式太阳热发电目前尚处于实证阶段，日本接下来正准备尝试利用塔式太阳热发电。塔式太阳热发电采用数百甚至数千个几米长的四方镜将太阳光聚集到一个装在塔顶的中央热交换器上，从而产生1000℃的高温。塔式的发电效率比槽式高，具有较大的发展前景。另外，可以利用蓄热器把白天的热能储藏起来供夜间使用，这也是太阳热发电优于太阳光发电的地方。

日本政府和企业追求的"绿色创新"

日本政府和企业追求的是什么呢？

日本政府和企业于2010年6月发表了"新成长战略"，提出了七大战略，其中一个就是"通过绿色创新使日本发展成为环境、能源大国"。日本计划活用民间的技术创新，使全球温室气体排放量在2020年以前比2010年减少13亿吨（相当于日本的总排放量）。在公私合作（Public-Private Partnership，PPP）模式下，政府和企业都承担一定的风险和成本来推动新成长战略的实施。另外，日本政府和日本新能源产业技术综合开发机构（NEDO）于2011年在突尼斯与当地政府进行会谈，并就共同推动太阳热发电项目达成了一致。

这一项目的益处主要体现在以下几个方面：对聚光类太阳热设备、

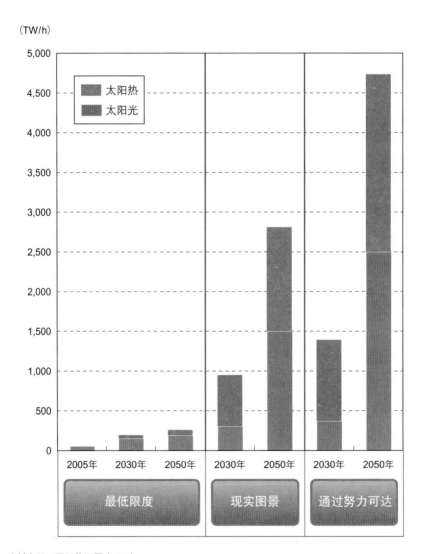

太阳光发电和太阳热发电的发电量预测（不同情景）

（TW/h）

图例：
- 太阳热
- 太阳光

最低限度：2005年、2030年、2050年
现实图景：2030年、2050年
通过努力可达：2030年、2050年

资料来源：国际能源署（IEA）。

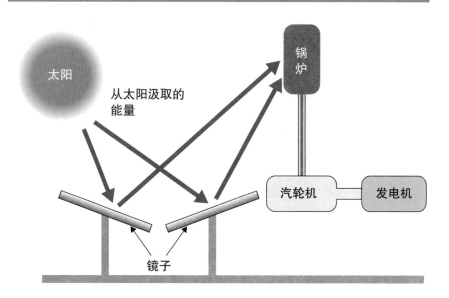

太阳热发电的原理

反射镜、蓄热器、液体、汽轮机、集光设备等进行技术革新；确保紧跟这一领域遥遥领先的欧美各国的步伐，保持本国竞争力；为全球温室效应的缓解贡献一份力量。

　　但是，还存在一些留待解决的问题。比如，降低建造（设备）的成本；保证后期运行的质量和效率；进一步确立PPP模式等。

6 风力和小水力发电

——处于理论阶段，实际供给能力薄弱

当地生产，当地消费

风力和小水力发电因其清洁、可再生的特点而受到广泛关注。开发这两种能源，可以活用地区资源的潜力，带动地区经济的发展。

风力发电是利用风力推动风车转动，再把转动产生的机械能传导至发电机从而转换成电能的方法。

以Eurus能源公司（丰田通商公司和东京电力公司的合资企业）、日本电源开发公司（J-POWER）、日本风力开发公司、日本科斯莫石油公司（EcoPower）、清洁能源公司等日本大型风力开发公司为首，东北自然能源、北海道江差町、北海道幌延町、三重县久居所市等地方政府和团体，包括丸红、住友商事等综合性公司都在积极开展风力发电事业。例如，丸红计划与公私合营的产业革新机构合作，收购建造英国海上发电站的大型公司，积极展开在全日本甚至全亚洲的风力发电事业。

通常，我们把年平均速度在6米~25米／秒的风力称为有效资源。发电成本较低、且能将四成左右的有效风力转换成电能的风力发电设备，其总功率从1994年的0.8万千瓦上升到了2010年的244万千瓦。这一数字几乎能与2009年太阳光发电的总功率262.7万千瓦相匹敌，但还未能达到300万千瓦的原定目标。其中原因很多，例如：当地居民抱怨风车转动产生的噪音和低声波；因此不得不做出一些调整把发电场所设在山间,这就大大增加了建设成本;风力的不稳定以及雷电等突发状况等。

当然,和世界其他国家相比,日本的风力发电还处在较低的水平。令人意想不到的是,中国是世界上最大的风力发电国。

从农业用水中汲取电力

在长期电力不足的忧患下,人们越来越关注利用农业用水的小水力发电的技术。

为了保证农业用水能够平稳流通,农林水产省在建设水利设施时,通常都会安装减少流水动能的降落差仪器和降低水压的真空管。我们在这些设备的基础上进行完善就可以进行小水力发电了。

笔者在2011年曾考察过宫城县迫上川上游的小水力发电设施。这个小水力发电站的最大输出功率为1000千瓦,其发电量相当于800户人家一年的电力消费量。

小水力发电量是由水流量和落差所决定的。资源能源厅的调查显示,农业水利设施中未开发的能源大约有12万千瓦。

农林水产省在全国26个地区进行小水力发电,年发电量达到了13,000万千瓦,相当于25,000户人家一年的电力消费量。积极促进这类小水力发电主要有两个目的:一是更好地进行土地改良。这类小水力发电利用水渠、大坝等土地改良设备来进行发电,并为引水系统和排水系统供给电力,从而降低土地改良的维持和管理费用。二是增强区域的发展活力,因为小水力发电是农村振兴的重要环节。

我们应该把小水力发电应用于更广泛的区域,从而实现自给自足的能源供给，并以此带动农业和农村的发展。同时，这也有利于区域的产业振兴。

政策不利于小水力发电的发展

笔者前段时间有幸考察了石川县白山市手取川的七处土地改良区。土地改良区是依据日本政府在1949年制定的《土地改良法》，以某个特定区域内的土地改良为目的设立的法人。这是一种社会团体法人，主要任务是修整农场、农田以及管理和维修农业设施如池塘、水渠等。也就是说，设置土地改良区是为了维护与农业生产相关的基础设施，提高生产力。它广泛分布于全国各地，人们亲切地称之为"水土之网"。

最近，各地都掀起了小水力发电的热潮。在同一个地区，12年前设立的小水力发电站的电力买入价格为10日元／千瓦，现在开始实施固定买入价格制度，价格上涨至30日元／千瓦。但令人开心不起来的是，规定的20年的固定买入期，还要扣除过去的12年。而之后的买入价格有可能会跌至4日元／千瓦左右。另外，为什么新的制度不适用于所有的产业呢？此时，民众对政府的不信任正在蔓延。

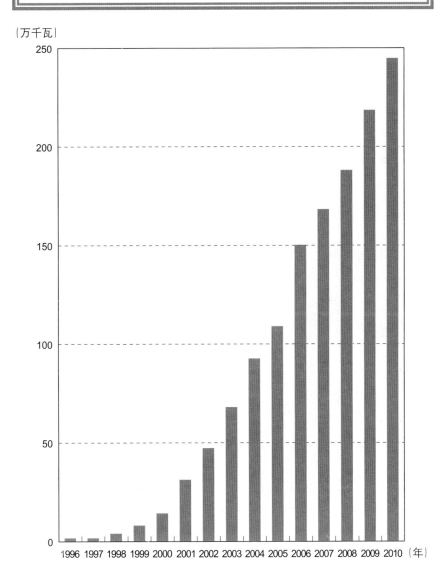

〔万千瓦〕

日本风力发电设备的发电能力

资料来源：日本新能源和产业技术综合开发机构（NEDO）；JPWA。

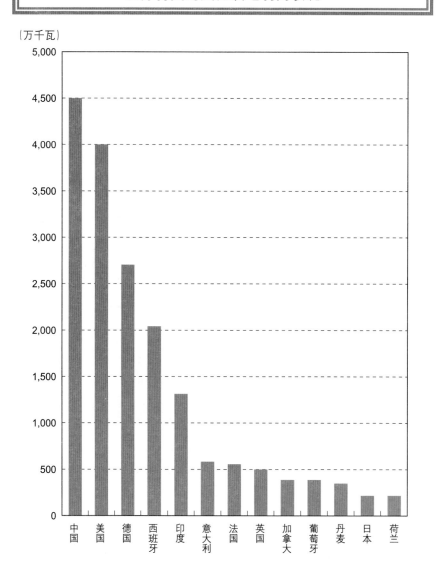

〔万千瓦〕

世界各国的风力发电利用状况

资料来源：全球风能协会（GWEC）《年度市场更新（2010）》。

专栏三 石油的开发旷日费时

随着原油价格的上涨，产油国的上游部门不断推进原油的开发。从石油输出国组织（OPEC）秘书处的主页中我们可以看到，OPEC制订了2005年至2010年不断提高上游部门生产能力的计划。根据该计划，原油生产量将从2005年的日产量3300万桶扩大到2010年的3,790万桶，增加490万桶。

但是，根据国际能源协会（IEA）的统计，2012年4月OPEC的产油能力停滞在3,529万桶。一般情况下，要想扩大生产能力，首先要找到蕴藏量确定的油田或者气田，然而找到后即使能马上挖掘采油井，也还需要修筑采油（气）设施、处理设施、储藏设施、输油输气管道等。因此，从采油井的建设到石油开采再到石油开始上市至少需要3年左右的时间。国际石油开发株式会社的朋友曾告诉过我，即使油田的石油蕴藏量已经确定，在实际开发之前，仍需要进行油层的评估（即可开采量的评估）、产量状况的分析、最佳生产时期的判断、成本的预算等等，据说完成这些前期的准备工作大概需要10年的时间。尤其是在开采海洋油气时，为了进行海底作业，还必须搭建海洋开发平台。

从这一系列的评估完成到石油开始生产最快也要15～20年的时间。顺便提一下，为了促进本国能源进口的多元化，日本把俄罗斯的原油—天然气开发项目作为一个重要的国家项目，如库页岛项目I和库页岛项目II。从20世纪70年代的苏联时期开始，日本的一些综合公司就加入了资本主义的垄断性石油公司，比如埃克森美孚、皇家荷兰—壳牌石油集团等。直到最近，才终于开始逐渐投入生产，这实际上花了30年的时间。通常情况下，不限于石油、天然气，所有的矿物能源从开发到生产都要经历以下几个步骤：

第1阶段 勘探〔Exploration〕

勘探是指从矿产资源集中埋藏的矿床中，找出具有经济效益的开采对象。这首先需要进行严密的地质勘察，并通过观察人工地震所造成的波动来考察地下构造。初步确认矿床的位置之后就要进行试挖掘。通常情况下，石油矿床都位于地下2000米左右深的地方，不易于开采作业。

第2阶段 开发〔Exploitation〕

在开发之前，首先要以勘探和试挖掘后得到的数据为基础制定油层的评估和生产—开采计划，此外还要制订输送管道和港湾等设施的建设计划。要根据生产—开采计划中对最大产量和开采年限的分析来确定生产井的数量和相关的设备配置，比如采油〔气〕设施、处理设施、储藏设施等，进而对这些设施进行建设。

第3阶段 营销〔Marketing〕

确保生产出来的油气有稳定的市场也很重要。尤其是液化天然气〔LNG〕，从生产到消费需要很多高成本的特殊设施，例如将生产出来的天然气在零下162度的超低温环境中冷却和液化的设备（液化成套设备）、输送液化气的专用船、消费时使液化气还原成气态的设备等。因此，在开发之前，首先必须保证有长期稳定的消费市场。以日本的三菱商事出资并参与策划的马来西亚液化气项目为例，这个项目从原料天然气的液化到输送至日本及其周边国家再到销售，所花费的总成本达19亿美元，销售周期也长达20年左右。

第 4 章

左右世界经济的关键资源

1 石油〔原油〕
——如何看待原油价格的升降

中东政治形势和原油价格

2012年的原油市场，由于上一年的动乱的影响大幅震荡，WTI的〔美轻质原油〕价格也围绕着每桶100美元激烈波动。

欧洲债务危机波及范围的扩大造成了全球经济不景气，在一定程度上抑制了石油价格的上升。但受到诸多因素的影响，石油价格始终居高不下。比如，中国主导的全球石油需求增加；伊朗政治危机的恶化；石油输出国组织〔OPEC〕产油国备用产能下降等。

OPEC在2011年12月14日的总会上提出要把石油的日产量扩大到3000万桶，这一数据自2009年1月以来一直维持在2485万桶的水平。同时，OPEC也明确规定了伊拉克和沙特阿拉伯应增产的实际份额。可是，除了伊拉克以外的11个加盟国的备用产能已经下降到400万桶以下，低于安全产量。

伊朗核问题和石油价格回升

国际核能机构〔IAEA〕2011年11月报告了伊朗开发核武器的问题，对伊朗的国际制裁加速进行。反对制裁的伊朗民众袭击了在伊的英国大使馆，致使两国关系迅速恶化。另外，伊朗方面还扣押了美国的隐形无人侦察机。为了防止密码被破解以及军事机密泄露，美国议会于12月15日通过了决议，加强对伊朗的追加制裁。其具体内容是，凡是进口伊朗石油的国家，或是与伊朗中央银行有贸易关系的金融机构和国家，都不得与美国金融机构交易。而2012年7月，欧美诸国都已全面禁止从伊朗进口石油。

受此事件影响，2012年5月原油价格有所回升。而欧洲债务问题长期悬而未决，又使WTI原油价格于6月下旬下跌至每桶77美元，石油市场处于供给过剩的状态。因此，欧盟于6月29日举行了首脑会议，通过了欧洲稳定机制（ESM），对银行进行直接资本注入，并和西班牙银行就放宽融资条件达成了一致意见，这一措施在一定程度上消除了不安，原油价格也快速回升至每桶80美元。7月份，WTI原油价格已接近每桶90美元，北海布伦特原油价格甚至突破了100美元。此外，挪威在建设石油生产设施时爆发的罢工问题也造成了供给的减少，成为推高石油行情的重要因素。

怎样看待原油价格的回升呢？笔者认为原油价格有望再度突破100美元。

最大的原因是欧盟（EU）于2012年7月1日正式停止从伊朗进口石油，这再次引发了民众对伊朗核问题的不安。对此，伊朗通过了之前便有所提的霍尔木兹海峡的封锁案，并且对外宣布，伊朗已经成功地进行了中程导弹的发射实验，可能对以色列发动攻击。而且，国际能源协会（IEA）的统计数据显示，伊朗2010年的原油生产量从日产370万桶跌至330万桶；2011年日产量为220万桶而出口量却只有150万桶。伊朗当局认为，出口数量的减少可通过提升出口价格来弥补。

伊朗局势逐渐紧张

1979年	伊朗伊斯兰革命爆发(2月);革命卫队的设立(5月)。
1980年	两伊战争开始(1980年9月至1988年8月)。
1989年	革命领导者霍梅尼去世,哈梅内伊(Khamenei)成为最高领袖。
1989—2005年	温和派的拉夫桑贾尼(Rafsanjani)、哈塔米(Khatami)先后担任总统。
1998年	巴基斯坦进行首次核试验,对伊朗产生刺激。
2002年	伊朗被发现从18年前就已开始秘密研制核武器;以色列国防军发现了伊朗针对巴基斯坦政府的武器运输船;美国对伊朗的态度恶化;时任总统在布什在一次谈话中把伊朗、伊拉克和朝鲜并称为"邪恶轴心"。
2003年	伊拉克战争爆发(3月);巴格达陷落(4月);伊朗和EU3(英、法、德)进行会谈,就停止铀浓缩达成了一致(10月);萨达姆·侯赛因(Saddam Hussain)被囚(12月)。
2004年	根据和EU3在巴黎签订的协议,停止了新型离心分离器的开发。
2005年	革命卫队出身的艾哈迈迪一内贾德(Ahmadinejad)上台,采取强硬手段。
2006年	重新开始铀浓缩作业(8月),新建了1000台离心分离机
2007年	革命卫队拘禁了15名英国士兵,和英国的关系迅速僵化。
2009年	建设新型浓缩设备。
2010年	开始了20%的铀浓缩作业。
2011年	国际原子能机构(IAEA)在报告中指出,伊朗的核开发带有军事性目的(11月);美英加强了对伊朗的制裁;伊朗截获了美国的隐形无人侦察机;在伊的英国大使馆遇袭;导弹基地爆炸。
2012年	伊朗局势异常紧张,伊朗宣称要封锁霍尔木兹海峡。

与欧美关系缓和的探索时期

与欧美对立的时期

2 天然气
——改善温室效应的重要资源

技术革新使它进入我们的视野

人类所利用的资源各种各样。回顾历史可以发现，我们所利用的主要资源从煤炭变为了石油。进入新世纪以后，天然气骤然跃入人们的眼帘。可见人类利用的主要能源呈现出从固体到液体再到气体的变化过程，因此这一过程也被称为能源流体革命。

天然气的主要成分是甲烷(CH_4)，无色无味，较空气更轻，在常温下是气体，因此与石油相比，不易运输和储藏。所以一直到20世纪上半叶，它都被认为是一种棘手的能源。然而，20世纪70年代的石油危机之后，天然气作为石油的替代能源又可改善"温室效应"，其前景备受关注。

英国石油公司(BP)的实时统计数据显示，2009年天然气的消费量占一次能源总消费量的24%，与石油(占总消费量的35%)、煤炭(占总消费量的29%)并称为三大能源。2011年3月11日东京电力福岛第一核电站的事故之后，世界各国对核能的开发都变得更加慎重，加上美国页岩气革命的影响，可以想见，天然气市场很有可能还会继续扩大。

2010年世界天然气的实时消费量为31.69亿吨(换算成石油)。其中，北美占26.9%，欧洲占22.8%，亚太地区占17.8%，俄罗斯占13.0%，这些地区的消费量加起来就占了全世界的八成以上。其中，日本所占的比例为3.0%，中国为3.4%。

天然气大多埋藏在中东和欧洲。其中，中东占四成左右，欧洲占到三成多，其余分布在亚太地区、非洲、美洲中部及南美洲等世界各地。至于天然气的用途，从世界总体统计数据来看，用于发电的为四成（日本天然气的65%用于发电），民用、工业用途各占两成。

液化天然气（LNG）贸易的四个特殊性

欧美诸国通常把天然气直接用管道输送到指定地点，而日本、韩国等国家是把天然气液化，再从产地输送到远距离的消费地去。液化天然气（LNG）是天然气在零下162℃的低温状态下液化而成的，液化后其体积缩小为气体状态的1/600。LNG贸易具有以下几点特殊性：

⑴LNG项目通常由天然气的勘探与开发、天然气的液化、用LNG专用船输送、在消费地将LNG还原为气体、消费使用这一系列紧密相连的程序组成。

⑵LNG的生产和消费需要经历以下几个过程。①勘探、开发、生产天然气；②铺设将天然气输送到液化基地的管道；③建设液化厂；④建设LNG装运基地；⑤制造超低温液货船；⑥建设运送到消费地后的汽化还原设施；⑦建设配送管道等。这一系列工序对技术要求极高，比如天然气的冷却液化，因此需要巨大的成本。

⑶LNG的销售通常签订的是20～25年的长期合约。也就是说，如果买家由于某些特殊原因无法消费约定数量的液化天然气，仍必须支付相应的费用（即所谓的"照付不议"）。这些严苛的条例就降低了LNG贸易的灵活性（不过，这样的条约可以保证天然气的稳定供给）。

⑷综上所述，由于LNG项目的一贯性以及销售上的特殊性，顺利地进行LNG贸易就需要供给者和需求者的相互信赖和协调。

世界天然气生产情况预测

〔10亿立方米〕

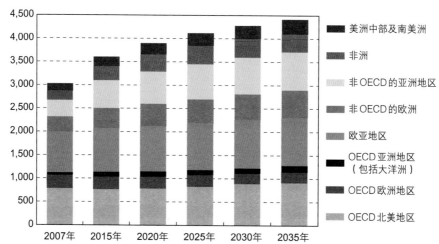

各个国家和地区供给增加量占比

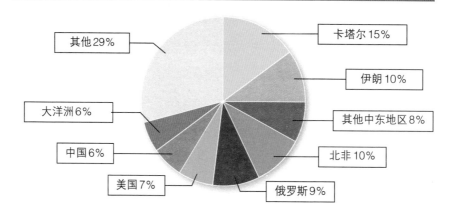

资料来源：美国能源信息署（EIA）:《国际能源展望2010》

3 煤炭
——能否成为火力发电的救星?

新世纪再度成为焦点的资源

煤炭一直以来都被认为是低价资源的代表,但其价格在2008年骤然上升。据澳英合资的大型企业必和必拓(BHP Billiton)和新日本制铁等公司的数据显示,2008年煤炭的交易价格从上一年的每吨约98美元上升到了约300美元。以往煤炭价格较为平稳,2003年以后,其上升态势不断加强。

在日本,人们普遍认为,使用煤炭会大量排放温室气体二氧化碳以及硫化物(SO_x)、氮化物(NO_x)等大气污染物,而且煤炭燃烧后的灰渣也不易处理。因此,煤炭被认为是一种棘手的资源。然而,进入新世纪以后,煤炭的消费量在一次能源总消费量中所占的比例却是最高的。根据BP的统计,全球煤炭消费量从2000年的229,200万吨(换算成石油)增加到了2010年的355,500万吨,为原来的1.55倍。同期石油消费量则增至原来的1.48倍。

新兴国家的发展使煤炭需求增加

中国等新兴国家的经济发展使得资源的需求不断增加。举个例子,美国的煤炭消费量从2000年的56,900万吨减少到2010年的52,400万吨，而同期中国的煤炭消费量从 73,700 万吨上涨到了 171,300 万吨，扩大为原来的 2.3 倍。现在，中国的煤炭消费量占全世界总消费量的 48%。

总体来说，中国占到世界煤炭生产、需求量的约五成，另外，美国占两成，印度占一成，南非占不到一成。我们通常把煤炭看成是自给自足型的资源，其贸易量只占生产量的 14%。煤炭的主要出口国有印度尼西亚、澳大利亚、俄罗斯、哥伦比亚、南非。这些国家的总出口量就占到了全球总出口量的 3/4。另一方面，煤炭进口量位列全球前五的国家的进口量之和占煤炭总进口量的五成。也就是说，这些国家都从上述这几个为数不多的煤炭出口国进口煤炭。

煤炭可分为炼焦煤和普通煤。炼焦煤大部分是冶铁用的焦炭，也有一部分是制造煤气的原料。而普通煤主要用于发电（占七成），此外在水泥制造等其他领域也有一定的应用。另一方面，世界发电量的四成都来自煤炭火力发电，而中国的煤炭发电量占总发电量的八成左右。

观察 2007 年至 2030 年用于发电的能源数据可知，可再生能源的消费量增长率虽然很高，然而从数值上来看，煤炭的消费增长量占到能源需求总增长量的一半，拥有绝对优势，这意味着今后煤炭的需求还会大量增加。

煤炭资源的优势是已确定的蕴藏量大，可开采年限长达 200 年。此外，它在全世界广泛分布，不像石油集中分布在中东地区。只是出口国以澳大利亚为主，预计 2008 年至 2030 年煤炭出口增加量中有一半来自澳大利亚。目前世界第一大普通煤出口国是印度尼西亚，近年来也因国内需求增加而面临出口瓶颈。另一方面，预计从 2008 年到 2035 年煤炭出口增加量的 95% 都来自亚洲。尤其是中国和印度，他们的进口在不断扩大。因此可以说中国的煤炭消费动向在很大程度上影响着世界煤炭的供求情况乃至煤炭价格。

全球煤炭价格的变化

〔美元/吨〕

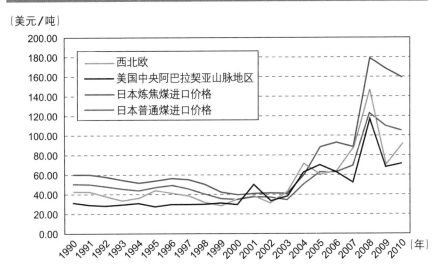

图例：
- 西北欧
- 美国中央阿巴拉契亚山脉地区
- 日本炼焦煤进口价格
- 日本普通煤进口价格

资料来源：英国石油公司（BP）统计

世界煤炭消费量

〔百万吨〕

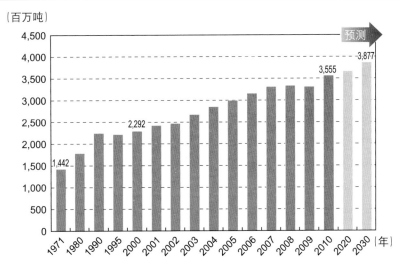

预测

资料来源：英国石油公司（BP）统计。

4 铀
——核电的存废之争

铀需求的不断扩大

福岛第一核电站事故之后，日本的能源政策又退回到了起点。所以，从现在起到2030年，以能源的最佳组合为目标，如何重新定位核能发电，已成为全体国民关心的重要议题。由于长期面临电力不足，各大电力公司纷纷增加火力发电量来维持电力的稳定供给。因此必须要保证石油、天然气、煤炭的供给。

另一方面，根据国际能源署（IEA）2008年发布的世界一次能源和发电能力的预测数据，至2030年，风力、地热、太阳光、潮汐等可再生能源的发电比例将会升高。至于核能，虽然相对来说所占的比重较小，其需求还会不断扩大。

建设一座规模为100万千瓦的核电站，成本大约为50亿美元，能解决成千上万人的就业问题。因此，核能的利用不仅有利于电力的开发，同时也能促进经济的复苏。美国的奥巴马总统推出了绿色新政，恢复了从1979年核泄漏事故以来长期停业的三里岛核电站的运营。现在，美国正在运营中的核电站有140所，同时，有22所正在规划中，预计可实现规模为1000亿美元的基础设施需求。

新兴国家的核电规划与铀的争夺战

不只是美国在进行核能的开发。世界核协会（WNA）2010年8月的统计数据显示，世界正在运营的核电站有441所，总发电能力为37,000万千瓦。同时，全球正在规划建设的核电站大约为200所，尚在提案阶段的有344所。根据国际能源署的预测，乐观估计，全球核能发电能力将从2012年的37,000万千瓦增加到2030年的81,000万千瓦。

增加的核能发电量中大部分来自中国、印度等新兴国家。因此，包括日本在内，世界核能市场爆发了一场订单争夺战争。同时，铀的争夺战也逐渐白热化，因为铀集中分布在澳大利亚、哈萨克斯坦、加拿大、南非等少数几个国家。

而且，并不是所有的铀都能进行燃烧（核裂变）。令人意想不到的是，世界所有矿山里埋藏的铀，能燃烧的铀（U235）只占0.7%，而99.3%都是不能燃烧的铀（U238）。因此，要用于核能发电，必须要使U235的纯度提高到3%～5%，也就是将矿产浓缩为资源。

把铀（U235）放进核反应堆进行燃烧（核裂变）后，除了能产生热能，还会生成钚（Pu239）等核裂变产物。钚加工后可以作为MOX原料，用于快中子增殖反应堆"文殊"（MONJU）中。日本采取的做法是，把核裂变后的燃料运送到法国，再从中把钚提取出来运回日本。

另外，浓缩提炼后会留下一些铀（U235）含量较低的劣质铀，这些劣质铀的比重占到20%之多。通常这些铀被用于制造"劣质铀子弹"或装甲材料。

电力的稳定供给

铀燃料的制作过程复杂，成本巨大，而发电原理却异常得简单。一般来说，发电有以下三种方法：运用电磁感应原理；利用化学反应产生的离子；直接把太阳等光能转换成电能。而核能是运用电磁感应原理进行发电的。

火力发电和核能发电都是利用蒸汽使汽轮机转动从而产生电能的。区别就是，火力发电是把化石燃料（煤炭、重质油、天然气）放入锅炉中进行燃烧，而核能发电是把铀作为燃料放入相当于锅炉的核反应堆中。我们通常使用的是轻水核反应堆，即用轻水（普通水）作为减速剂和冷却剂的核反应堆，包括BWR沸水型和PWR压水型这两种类型。

电力需求每年、每天都在变动，电力公司必须时刻保证优质电能的灵活供给。电能的品质（系统稳定度）是由频率、电压、电力情况决定的。印度经常出现停电、笔记本画面摇晃的情况，这就是电压不稳定造成的。为了防止这些情况的出现，日本把核电作为基本的电力供给，同时结合火力发电，以使电能的供给量能够灵活地应对需求变化。

可否用可再生能源代替核能发电？

日本出于安全的考虑，今后不得不降低对核电的依存度。而要用太阳光、风力发电等来代替现在提供基本电力的核电，非常困难。因为可再生能源受到昼夜、阴晴、风力状况等诸多因素的影响，来源不稳定。

除非强大的二次电池等蓄电技术发达起来，可再生能源发电就只能用作火力发电的补充。

对全球一次能源需求的预测

项目＼年份	2006年	2015年	2030年	2006—2030年 增加比例	2006—2030年 年平均增长率
世界需求 （单位：换算成石油，百万吨）	11,730	14,121	17,014	5,284	1.6%
（以下为各类资源占比）	:	:	:	:	:
煤炭	26.0%	28.5%	28.8%	35.1%	2.0%
石油	34.3%	32.0%	30.0%	20.4%	1.0%
天然气	20.5%	20.6%	21.6%	23.9%	1.8%
核能	6.2%	5.8%	5.3%	3.3%	0.9%
水力	2.2%	2.3%	2.4%	2.9%	1.9%
生物能源和废弃物	10.1%	9.7%	9.8%	9.0%	1.4%
其他可再生能源	0.6%	1.1%	2.1%	5.4%	7.2%

资料来源：美国能源信息署（EIA）；《国际能源展望2008》。（数字仅供参考，粉色阴影部分指广义的可再生能源）

全球发电能力的预测

项目＼年份	2006年	2015年	2030年	2006—2030年 增加比例	2006—2030年 年平均增长率
全球发电能力（单位：千万亿瓦）	4,344	5,697	7,484	3,140	2.3%
（以下为各类资源利用比重）	:	:	:	:	:
煤炭	31.8%	35.0%	36.0%	41.7%	2.8%
石油	9.6%	7.0%	3.6%	−4.7%	−1.8%
天然气	25.9%	24.1%	22.6%	18.2%	1.7%
核能	8.5%	7.0%	5.8%	2.1%	0.7%
水力	21.2%	19.9%	19.2%	16.5%	1.9%
生物质能和废弃物	1.0%	1.4%	2.3%	4.0%	5.7%
风力	1.7%	4.8%	7.4%	15.2%	8.7%
地热	0.2%	0.2%	0.3%	0.5%	4.3%
太阳能	0.2%	0.6%	2.8%	6.4%	15.2%
波浪能	0.0%	0.0%	0.1%	0.1%	11.6%

资料来源：美国能源信息署（EIA）；《国际能源展望2008》（仅供参考）。

5 铁矿石
——中国的铁矿需求

中国席卷世界铁矿市场

1996年，中国超过日本一跃成为世界最大的钢铁生产国，并且连续14年长居世界第一位，这种态势预计还将持续下去。尤其是2000年以后，中国的粗钢产量以每年500万至1亿吨的速度增长，2003年突破2亿吨，2005年突破3亿吨，2006年达4亿吨，2008年达5亿吨，到2010年产量已高达6亿吨，占世界粗钢总产量的45%左右。虽然对投资过热的担心一直普遍存在，但中国铁矿业仍以"铁吸铁"的形式快速发展，这不仅影响了世界钢铁市场，还在很大程度上影响着铁矿石、铁屑、炼焦煤、海上运输等行业和市场。

中国钢铁业的发展过程

1949年中华人民共和国成立以来，钢铁行业作为支撑全国经济发展的支柱产业，得到了中央及地方的大力支持，吸引了众多投资。具体就是引进苏联的技术，扩大鞍山、大连等地原有的制铁厂，同时在武汉、包头等地新建制铁厂。第一个五年计划开始的时候，中国的粗钢产量仅为177万吨，1960年"大跃进"时期激增至1,866万吨。此后由于中苏关系恶化，苏联专家撤出中国，再加上"文化大革命"的影响，中国钢铁行业发展停滞，长期落后。20世纪70年代以后，局面有所改善。

1972年尼克松访华，中美建交，随后中国与欧洲各国的关系也有所改善，中国也从这些国家引进了一些先进的技术。

国家的大力支持和民间的不断努力，使中国的钢铁产业终于又逐渐步入正轨。2000年以后，中国经济以固定资产投资为中心迅速发展，并于2001年加入了WTO。钢铁市场需求扩大，粗钢的生产也在不断扩大。

观察中国的实际GDP和粗钢产量增长的关系（每单位实际GDP的粗钢产量），我们可以发现，20世纪90年代及以前，粗钢产量的增长率都小于GDP增长率。而2001年以后，每单位GDP的粗钢产量扩大为原来的1.9倍。可以说，粗钢产量以接近实际GDP两倍的速度扩大。这是由于21世纪以来，中国的私家车和房地产行业的火热使钢材需求扩大。同时，2008年的北京奥运会、2010年的上海世博会等国家重要活动，推进了城市基础设施的建设，建材需求也随之急剧扩大，对粗钢生产的投资也因而急剧增加。

不只是粗钢产量急剧加大，2000年以后，中国的钢铁进口也在增加。这主要是因为国内生产的钢材品种构成与需求不符。中国产的钢材中，较易铸造的螺纹钢、型钢、线材等建筑用钢材占到了一半以上，而铸造难度较大、对品质要求较高的钢板、钢管等所占比率较小。

包括从废弃物中提取的铁质，中国生产了全球1/5的铁，仅次于巴西，是世界第二大铁矿石生产国。然而近年来，本土生产的铁矿石已无法满足旺盛的国内需求，2004年以后，进口量以每年5000万吨的速度急剧增加。2012年，中国的铁矿石进口量已经超过了6亿吨。巨大的需求也使铁矿石的进口价格持续上升。

中国和日本粗钢产量的变化

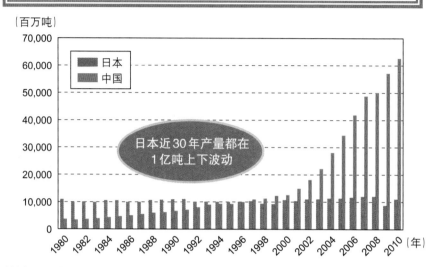

〔百万吨〕

日本近30年产量都在
1亿吨上下波动

资料来源：根据各年《钢铁统计要览》制成，以下未标明出处的资料均来源于此。

世界和中国的粗钢产量

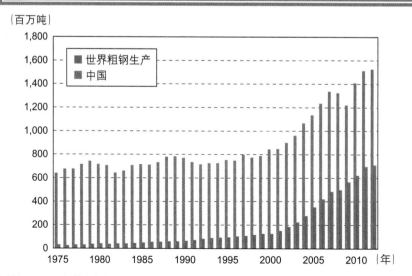

〔百万吨〕

资料来源：国际钢铁协会（IISI）。

6 基本金属
——铜、铝、黄金的市场概况

基本金属的市场价格不断上升

不只是原油、铁矿和煤矿，基本金属的价格也在急剧上升。例如，铜的价格2002年时为每吨1,500美元，从2004年开始，价格不断上升，2006年5月达到了每吨8,800美元，创造了历史新高。此后的2007年2月，铜价曾一度跌至5,000美元，但进入3月以后，价格又开始回升，7月时就突破了8,300美元。随后，受金融危机的影响，铜价又降至7,000美元。但这并未改变铜价居高不下的现状，2011年，铜价一度突破10,000美元。

中国带动了铜、铝的需求

铜是制造电线、缆绳等基础设备所不可或缺的材料。国际铜业研究组织(ICSG)的数据显示，世界的铜需求在2000年约为1,512万吨，2010年就扩大至1,933万吨，预计在2015年将达到2,330万吨。而中国的铜消费量从1997年的127万吨扩大到了2005年的371万吨，仅8年就增加了约2倍，年增长率为14%，远远地超过了同期的平均GDP增长率8.8%。世界上铜产量的20%以上都是由中国消费的。另一方面，中国自己的铜产量也上涨了1倍，但从118万吨增加到了230万吨之后就停滞了，而需求却不断扩大，出现了141万吨的需求缺口。因此，中国不得不依赖进口来满足旺盛的国内需求。中国海关总局的统计数据显示，2005年铜的进口数量刚好是国内需求和产量的差额——141万吨。

铝的价格原先维持在每吨1,300美元，但2003年秋季以后就开始急剧上升。铝的供给同样不足，价格因而不断飙升，2006年达到了每吨3,300美元的历史高点。

供给不足有所缓解后，铝的价格也相应回落，但2007年以后又再次回升，2012年升至每吨2,000美元。

主要因素当然还是中国。中国的铝产量不断扩大，同时消费量剧增。2000年的年消费量为332万吨，根据当时的预计，2007年的消费量将达到1,072万吨，2011年将扩大到1,690万吨。

中国暂时还没有成为铝的进口国，但随着国内消费量的增加，铝的出口量在不断减少。而且由于国内需求还在继续扩大，铝的价格也将持续上升。

黄金价格也在不断上升，2010年11月首次突破了每盎司1,000美元，2011年9月达到了1,911美元，逼近2,000美元。这主要是因为人们的投资意愿不断增强。在全球金融危机的冲击下，对冲基金等投机性资金不断流入被认为是安全资产的黄金市场。此前金价的最高值是1980年的800美元。全球总GDP由1980年的约10万亿美元增至2010年的63万亿美元，扩大至原来的6倍多，但同期黄金的储量只从14万吨扩大到16万吨。世界银行的统计数据显示，相当于GDP总额1.1倍的全球金融资产在2010年的时候扩大了2～3倍。由此可见，30年前对黄金的投资可以说是过于冷门了。

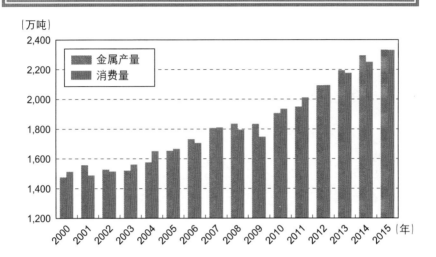

全球铜金属供需状况预测

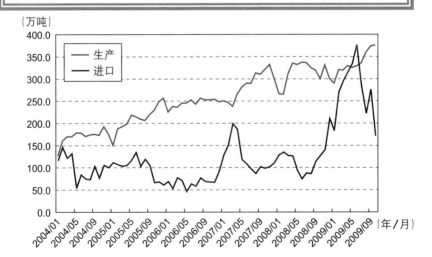

中国的精制铜

7 稀有金属和贵金属的价格
——为什么稀有金属的回收难度大

如何应对稀有金属和稀土元素的危机

稀有金属可以提高材料的强度和熔点，加强其防腐蚀性。它们因此被广泛应用于汽车、航天器、家用电子产品、产业机械等领域中，被称为"产业的维他命C"，也有人称之为"日本经济的致命点"。

钨是所有金属里熔点最高的，而且不易变形，又能被加工成细丝状，因此很早就被应用于电灯灯丝的制造中。近年来，人们把钨和铁混合，使其硬度加大，并用它来制造金属模具和刀具。

钽是金属中最稳定的，不易被氧化和腐蚀，是制造电容器、电脑、手机不可或缺的材料。

稀土元素很早就被应用于打火石中，由于其具有磁性，也作为红、绿等荧光体材料而使用。它们也被广泛应用于手机、电脑的电容器、过滤器、传感器等陶瓷制品，以及永久性磁石等尖端科学领域。对混合动力车车载的镍氢电池来说，稀土类元素也是不可或缺的。

其他元素，如铂可用于制造汽车排气催化剂和燃料电池；钴被广泛应用于超合金材料；镉被用于制造电池与合金材料；铟可用于荧光体和透明电极；铊可用于制造光学显微镜和灭鼠剂；硅是制造半导体的薄晶片所必需的；钛可用于制造航空器、导弹等的机身；铌是制造超耐热性合金和高强度钢材所必需的；铍可用于制造电动机绝缘体；锆是构成核能反应堆不可或缺的材料。

蕴藏分布不均匀

稀有金属是铜、铅、锌等金属在精炼过程中产生的副产品，不同于那些埋藏在地下而被挖掘提炼出来的资源。近年来，稀有金属和其他资源一样，价格居高不下。

经过采掘、精制而提炼出来的资源由于供给不足，价格一直较高，近年来更是不断上升，连其提炼过程中所产生的副产品，价格也随之升高。

稀有金属价格居高不下主要是由于中国、印度等国家的需求增加，带动了世界性的需求剧增。

日本是世界上最大的稀有金属消费国。稀有金属是日本产业竞争力的源泉，当然，日本消费的稀有金属不是在本国开采的，几乎都依赖于进口。因此，其稳定供给关乎日本的经济命脉。

对此，日本提出了相应的战略方针。世界性的资源争夺战日益激烈，日本也不得不加快实施其独特的资源战略。比如，使资源供给源更加多元化、加强国家战略储备等。同时还要运用先进的技术开发替代材料，实现资源的回收再利用，并推动城市矿山开发系统的构建，发动全日本的力量来实施国家资源战略。甚至连长期的人才培养也被纳入这一课题。然而即便采取了这些措施，日本在资源外交和海外权益的确保上还是很难与中国匹敌，因此应该更多地把目光投向可以作为斗争武器的技术革新上。

应用于尖端领域的稀有金属

括号内的数字为最新的世界原料金属的产量和消费量

钼	强化铁的性能（7.5万吨）
钨	熔点最高的硬金属（5.6万吨）
铟	液晶体里所含的金属（325吨）
镍	不锈钢（125万吨）
钛	航空器的发动机和热交换器（7.6万吨）
钴	钢铁的添加剂，二次电池（4.5万吨）
铂	汽车排气催化剂（218吨）
铬	铁的脱氧、脱硫和性能的提升（469万吨）
锰	铁的脱氧、脱硫和性能的提升（711万吨）
钒	是提升钢铁性能所必需的金属（7.9万吨）
铌	应用于钢材的强化和超导技术（3.9万吨）
钽	应用于手机等电子设备中的蓄电器（1280吨）
锗	应用于半导体元素、军事和健身器材（一）
锶	使烟花呈深红色（17.1万吨）
锑	通常应用于工业生产中（4.9万吨）
钯	蓄电池的触点，汽车中的催化剂（205吨）
铍	难以提取但前景良好（285吨）
锆	耐高温，应用于核反应堆的燃料包壳管（115万吨）
铼	电触点，高温测温仪的零部件（37吨）
锂	用于轻量和大容量的电池（一）
硼	和氢结合后广为应用（503万吨）
镓	常用于智能机等，是现代生活不可或缺的元素（175吨）
钡	包括x射线检查在内的各种用途（600万吨）
硒	因具有极强的光传导性能，广泛应用于复印机（1500吨）
碲	应用于氟碳化合物的冷却装置（284吨）
铋	应用于医药品和电子产业（4229吨）
铯	应用于原子钟和GPS等（微量）
铷	可用于测定地球年龄（微量）
铊	具有超强的毒性，须谨慎使用（15吨）
铪	中子的吸收率高，用于原子核反应堆（1.6万吨）
稀土元素	广泛应用在尖端领域（17.3万吨）

资料来源：参考日本国家油气和金属矿产公司（JOGMEC）《基本金属的介绍》及其他相关资料。

8 水资源
——全球水资源危机

水资源争夺战

地球上的水，总量庞大，约有14亿立方千米。可大多数都是海水和冰川水，能被人类利用的淡水只占总量的0.01%（参考第130页图）。而且在有些地区，由于气候变迁和河流污染，可利用的水资源正在不断减少。

全球的水资源，约有七成用于粮食生产，两成用于工业生产，还有一成是城市生活用水。预计到2025年，工业、城市生活用水将会增加50%。尤其是人口数量占世界六成的亚洲地区，降水量相对较小，水资源不足的问题已经变得日益严峻。

水资源匮乏已引发了世界范围的水资源争夺战。国际河流的开发所引起的争端就不在少数。由于国际河流流经多个国家，各个国家为了争夺其流域范围的最大利益而互相对立，严重影响了水资源的合理利用。水资源争夺战甚至会上升为政治问题，甚至引发战争。最近这一问题又经常与环境问题联系在一起。

美国政府在2012年3月发布的关于世界水资源问题的报告书中指出，今后的10年，由水资源不足所引发的国家和区域间的争端将愈演愈烈。而作为"武器"，上游国家很可能会有意识地控制水量。

粮食生产和地下水的枯竭

水资源不足严重限制了世界粮食的生产。日本农林水产省农村振兴局在《世界灌溉的多样性》(2003)一书中指出，世界的灌溉面积由1961年的1.39亿公顷扩大到了1999年的2.74亿公顷，38年扩大了一倍。灌溉面积占到总耕地面积的18%，其中，66%的灌溉面积都位于亚洲地区。

灌溉用水大部分都源于地下水，因此全球地下水水位不断下降，甚至面临枯竭。第二次世界大战后，美国科罗拉多州利用巨大的地下水源——奥加拉拉蓄水层大力地发展大灌溉农业。奥加拉拉蓄水层的水主要来自冰川时期的化石水，加上这个地区雨量较少，无法给蓄水层提供补给。因此，该地从20世纪70年代开始就面临着地下水枯竭的危机，并出现了土壤侵蚀、土地盐碱化、沙漠化等问题。因此在这一区域，用水泵抽取地下水后，再用巨大的洒水器以画圆的方式将水洒向四周的灌溉方式逐渐普及。

作为公共资源的水和商品水

随着世界人口的增长和新兴国家工业化、城市化的推进，各国对水资源的需求不断扩大。再加上"温室效应"所带来的全球环境的变化，世界性的水资源不足日益严峻，因此"水资源工程"越来越得到关注，它主要包括以下三个方面：

(1)治水：为了预防河流的泛滥和洪水的侵袭、更好地进行水运和灌溉而采取的措施。包括大坝、蓄水池的建设与管理；运河、水渠、地下管道等设施的建设；淡化海水，使之转化为可以利用的水资源；配套设施的建设；管理、循环利用水资源等。

⑵水利：保障农业、工业、生活用水。包括地上地下的给水系统的建设与管理，饮料、易拉罐中的矿泉水、高纯水等高附加值水的生产，协调工业用水、农业用水、景观用水，实现水的多层次利用等。

⑶水环境：为确保水量和水质、维护流域环境而采取的措施。包括工业用水、生活污水（非饮用水）在内的废水处理，成套水净化设备的建设，污泥处理与检验，湖泊、沼泽、河流等水源的净化等。

现在，水资源工程的市场正在不断扩大。日本经济产业省于2009年发表的《水资源政策研究会报告书》指出："随着地上地下给水系统的民营化，预计全球水资源工程市场将长期持续扩大。"报告预计，水资源工程的市场规模将在2025年增至100万亿日元。

另一方面，随着水资源工程市场的不断扩大，合理区分和对待被商业化的水和作为生命源泉的水（即公共水资源）成了一个亟待解决的根本问题。这里所说的公共水资源指的是农业用水，以及公共水井（地下水）、泉水等某个区域内的生活用水，也就是从古至今被该区域居民所利用的公共水资源。然而现在，这些公共水资源成为大规模开发的对象，被某些特定的企业和个人占有和利用。

地球上各种类型的水的比例

地球上的总水量约为13.86亿立方千米

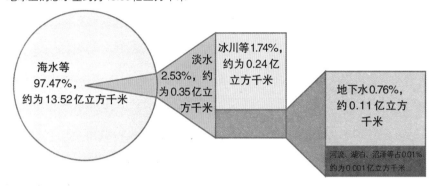

注：图表以日本国土交通省水资源部《21世纪初的世界水资源》（2003）的统计数据
　　为基础制成。
资料来源：日本国土交通省水资源局水资源部：《平成十九年日本的水资源》。

经济产业省对全球水的商业市场的发展预测

〔每格括号外数字为2025年预测值，共计约87万亿；括号内数字为2007年数据，共计约36万亿〕
〔币种：日元〕

	建材预算、工程的建设与设计	管理与运营	合计
饮用水	19.0万亿〔6.6万亿〕	19.8万亿〔10.6万亿〕	38.8万亿〔17.2万亿〕
海水淡化水	1.0万亿〔0.5万亿〕	3.4万亿〔0.7万亿〕	4.4万亿〔1.2万亿〕
工业供水工业废水	5.3万亿〔2.2万亿〕	0.4万亿元〔0.2万亿〕	5.7万亿〔2.4万亿〕
回收水	2.1万亿〔0.1万亿〕	—	2.1万亿〔0.1万亿〕
污水〔处理〕	21.1万亿〔7.5万亿〕	14.4万亿〔7.8万亿〕	35.5万亿〔15.3万亿〕
合计	48.5万亿〔16.9万亿〕	38.0万亿〔19.3万亿〕	86.5万亿〔36.2万亿〕

市场增长率在2倍以上
市场规模在10万亿日元以上
上面两个条件都满足

- 饮用水和废弃污水占到市场总额的大部分
- 预计今后的水市场，回收水、海水淡化水、工业用水、工业废水的比例将升高

资料来源：日本经济产业省：《水的商业市场的现状》，2009年10月。

9 三大谷物

——粮食短缺时代的谷物需求

人类赖以生存的农作物

人类现在主要依靠哪些粮食生存，又在何种程度上依赖这些粮食生存呢？联合国粮食与农业组织（FAO）的统计数据显示，世界粮食总产量约为44亿吨，其中包括小麦、大米（稻谷）、饲料谷物（玉米等）、油料种子（大豆等）、根菜类（薯类等）、蔬菜、水果，还有咖啡、茶等饮品。其中，大米、小麦和玉米这三大谷物被称为"6亿吨作物"，再加上大豆，这四种作物的总产量就超过了20亿吨，占总产量的一半。也就是说，人类赖以生存的粮食有一半都来自这几种特定的作物。

地球上可食用的植物大约有3000种，其中的1500种被人类培育并进入了贸易流通领域。但人类生存主要依赖的作物种类却只有三四种。因此，虽然农作物贸易表面上看是稳定的，实际上却充满了不稳定的因素。

在农业史中，农业发展"以改造作物的外观为目标"，也就是使植物在迁移后能呈现出更健康的状态从而提高生产水平。因此植物的生长和培育极易受到自然环境的影响。比如2012年夏，美国中西部的谷仓地带遭受了1956年以来最严重的旱灾。6月中旬以前，这些谷物呈现出大丰收的态势，其价格也因此持续走低，然而进入7月以后，芝加哥的谷物价格突然逆转。比如，6月1日的玉米价格为每蒲式耳5.51美元，而到了7月19日就涨到了8.16美元。大豆的价格也从13.17美元升至17.49美元，上涨了33%。这些谷物的价格都达到了历史新高。

谷物需求扩大，"均衡价格"上升

近年来谷物价格的升高，并不是投机资金所造成的一时的上涨，而很可能是"均衡价格"提高了。进入21世纪后，全球谷物市场的供给量已经从2000年的18亿吨上升到了2012年的23亿吨。消费量更是逐年扩大，不断创造历史新高。另一方面，产量则因受到干旱等气候状况的影响呈波动上升的趋势。当消费量大于产量时，全球的谷物库存用尽，价格居高不下。可以说谷物的低价时代已经一去不复返了。

20世纪末，大豆的价格维持在每蒲式耳5美元左右，小麦为每蒲式耳3美元左右，玉米为每蒲式耳2美元左右。这些谷物的价格都在低价范围内小幅波动。而进入21世纪以后，谷物价格居高不下。因此我们可以得出"均衡价格"上升的结论，也就是说粮食低价时代已经终结了，主要原因是供不应求。

通常情况下，谷物市场的变动符合市场规律。也就是说，当供不应求时，价格升高，于是生产扩大，供大于求，价格也随之回落到原来的水平。而进入21世纪以后，谷物价格不断上升，生产也随之扩大，达到了历史最高水平，然而消费却不减反增，导致谷物价格居高不下。因此，虽然产量已经达到了史上最高，我们仍感到非常担忧。由于谷物的生产无法满足新兴国家旺盛的需求，再加上干旱、洪水等气候因素的影响，供需平衡被打破，投机资金也抓住这个机会进入了市场，不断抬高谷物价格。

芝加哥谷物价格的变化

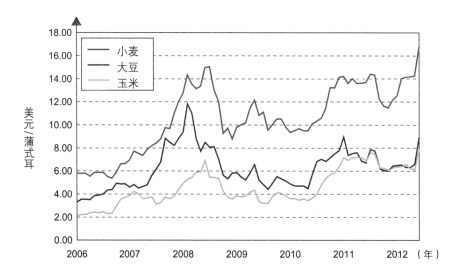

世界谷物的生产和消费情况以及年末库存比率变化

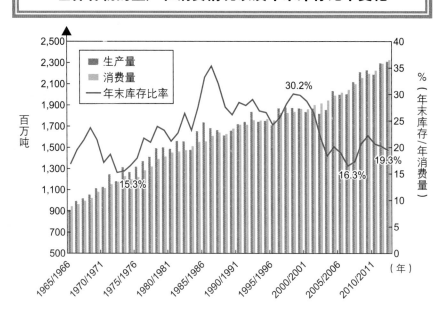

10 水产资源
——竭泽而渔与生态变迁

逐渐减少的水产资源

人类同样也面临着水产资源的枯竭问题。联合国粮食和农业组织（FAO）的统计数据显示，世界渔业、养殖业的生产量从1995年的12,500万吨扩大到了2005年的15,750万吨。可是增加的生产量大部分都来自养殖业，海洋渔业的产量在2000年以后的顶点值仅为9,000万吨。有数据显示，中国的渔业产量占世界总产量的1/3。很多学者都在怀疑这一数据是否夸大了事实。而除了中国，世界各国的海洋渔业产量几乎都呈下降趋势。而且可能由于过度捕捞，水产资源的1/4正面临着枯竭危机。针对鲸鱼、金枪鱼的捕杀问题，各国正在加快制定和完善国际捕鱼条例。

渔业资源减少的另一种可能

也有人指出，渔业资源的枯竭不仅仅是因为滥捕。例如，海洋生物资源学家川崎健就提出了"系统变动"理论来解释这个问题[1]。所谓"系

---

[1] 川崎健：《沙丁鱼与气候变化》，岩波新书。

统变动"，指的是"由大气、海洋、海洋生态系统所构成的地球环境体系的基本构造〔系统〕在这数十年的时间里已经发生了变动"。川崎健以详细的数据为基础，从地球环境体系变动的角度出发，对1990年以后日本近海沙丁鱼数量逐渐减少的现象进行了分析。大气、海洋、海洋生态系统是一个紧密相连的整体，这数十年来，为了寻求平衡，地球环境体系发生了一系列变动。

川崎健认为，鲑鱼、沙丁鱼、鲱鱼、金枪鱼等鱼类的产量时多时少，是因为这些鱼类本身的情况在发生变化。而笔者认为，正是因为过度捕捞，系统固有的"变动"体系才会被打乱和破坏。如果从这个角度理解，我们就可以把多年来备受争议的水产资源的"滥捕"和"系统变动"统一起来。系统变动理论也说明，应对水产资源枯竭，不应该只由沿海各国分散管理，而是应该通过国际合作，共同维护地球生态系统的可持续发展。

渔业产量减少与政治实力的较量

日本的渔业将何去何从？很多专家认为，受诸多因素的影响，日本渔业也在逐渐衰退。这些因素包括：消费者对鱼类的偏好减弱、水产资源枯竭导致的产量减少、鱼类价格持续走低、渔业劳动者的数量减少和老龄化、水产品的进口增加等。

日本的渔业产量从1984年的1,286万吨减少到了2008年的559万吨。当然，除了日本国民对鱼类的偏好减弱以外，还有众多因素共同导致了渔业产量的减少。例如，200海里〔约370千米〕的专属经济区的划定，使日本的远洋渔业遭受了重大打击。此外，远东沙丁鱼资源的减少、原油价格升高导致的燃料费用上升、鱼类价格偏低等因素也影响了

2008年几个主要国家的渔业和养殖业产量

单位：万吨

国家	总产量	渔业产量	养殖业产量
中国	5,783	1,516	4,267
印度尼西亚	880	496	384
印度	758	410	348
秘鲁	742	738	4
日本	559	441	119
菲律宾	497	256	241
全球总额	15,916	9,084	6,833

资料来源：联合国粮食及农业组织（FAO）。

持续产量（SY）和捕捞努力量（生物量）的关系

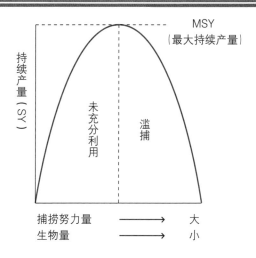

编者注：捕捞努力量是指在一段时间内以相同的作业方式投入的捕捞工作量。
　　　　生物量是指某一时点单位面积内实存生活的有机物质总量。

日本渔业的发展。然而，近年来始于亚洲的海鲜热潮席卷了全球。日本在这场潮流中的地位较低，其表现就是在水产品贸易领域，日本无法与中国等国家相匹敌。我们也可以认为，各国在渔业领域的竞争也是政治实力的较量。

11 森林资源
——活用国内的森林资源

国内森林资源的扩大与立木价格的下降

经常听到有人说："外国资本不断购买日本的森林资源，为的不就是水资源吗？"国土交通省和林野厅的统计数据显示，仅2006年到2010年间外国资本在日本掌握的森林面积就达到了620公顷。这些森林以北海道为中心，分布于山形、埼玉、群马、长野这"一道四县"地区。因此，地方自治团体制定了条例，要求水源地的森林贸易必须事先申报并征得同意。同时，国会的超党派议员也提出了关于水循环的基本法案。

为什么现在有那么多外国人购买日本的森林资源？直接原因是日本的森林资源特别便宜。东京财团的统计数据显示，林地的全国平均价格自1980年以来就持续走低，现在1公顷的林地价格大约为53万日元，杂木林(燃料林)的价格大约为35万日元，立木的价格也逐年下降。

活用国内森林资源，提高自给率

日本国土面积的2/3都是森林。战后，由于房屋不足，大量林木被砍伐用以建造住宅，因此全国上下进行了大规模的造林活动。由于天然林被大量砍伐，现在日本的森林资源中，有四成都是生长速度快的杉树和扁柏等人工林木。累计树木量(树木总体积)从2000年的40亿立方米扩大到了2010年的将近50亿立方米。换算成立木体积的话，相当于每年增加1亿立方米的立木。

林野厅的统计数据显示，2009年日本的木材需求量换算成原木为将近6,500万立方米。以木材可利用率为60%来计算的话，相当于需要约1亿立方米的立木。也就是说，日本在木材上可以实现自给自足。但是近十年来，日本国内的年平均木材产量停留在1800万立方米，自给率低于三成。再加上国产木材和进口木材相比没有价格优势，所以便宜的进口木材进入了日本，取代了国产的木材。

然而现在情况又发生了变化。日本的海外木材进口量从2000年的约8,200万立方米减少到了2009年的约4,600万立方米，减少了一半左右，原因是国内需求下降。同时，中国、印度、东南亚、中东、俄罗斯等国家快速发展，全世界的木材需求也随之增加。另一方面，从供给的角度来说，由于过度采伐使森林资源面临枯竭，在资源民族主义的浪潮下，各国都抑制了木材的出口。1998年长江大洪水以后，中国在原则上禁止了对天然林的采伐，同时鼓励木材的进口。近年来，资源、能源、粮食市场发生了一系列变动，木材市场也不能幸免。

于是，自2010年始，房屋建筑对日本国产木材的需求增加。同时，政府提出了"森林和林业再生计划"，扩大用于公共基础设施建设的木材生产。但是，由于林业劳动者老龄化，劳动力后继不足，日本的林业再生也并不是一件容易的事。另一方面，原木作为原料，其采伐量在不断减少，国产原木出现供不应求的现象。因此，要使日本在日本大地震后重新振兴，从根本上整顿第一产业已经刻不容缓。

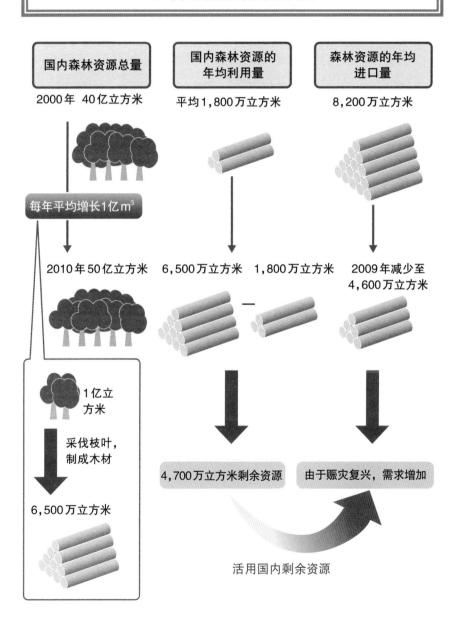

日本国内森林资源的利用

专栏四 国际基本金属生产：为何英系国家占据主流？

说到基本金属领域的大公司，必和必拓（BHP，澳英合资）、英美资源集团（Anglo American，英国）、力拓矿业集团（Rio Tinto，英国）、弗里波特—麦克莫兰铜金公司（Freeport McMoRan，美国）、巴西工业集团金属公司（Votorantim，巴西）全球知名。

没有明确的定义界定何为垄断性的资源公司，但这些公司一般具有以下几个特点：是在全球开展业务的跨国企业；以铜矿等矿山的开发为核心业务；拥有国际性的人才、技术、资金等经营资源；通过频繁的企业并购不断壮大。

日本国有石油、天然气和金属开采公司（JOGMEC）在《金属资源报告（2011）》中指出，截至2010年，全球铁、煤、铜、金等资源大公司共有16家。其中规模最大的有5家，被称为五大资源公司。其中，20世纪60年代后半期到20世纪70年代，发展中国家受资源民族主义影响，当时的智利首脑阿连德（Allende）把美国的阿纳康达铜业公司（Anaconda）和肯尼科特铜业公司（Kennecott）所拥有的矿山国有化，形成现在的智利国家铜业公司（CODELCO）。

我们可以发现，规模前三的资源大公司——必和必拓、英美资源集团和力拓矿业集团都是英国的。那么为什么英系公司会这么强大呢。我认为有以下三点理由：

第一，英国是18世纪工业革命的发源地。从棉纺织业的技术革新开始，到1850年左右，制造机械的工业（机械工业）本身也逐渐机械化，确立了新的技术体系。其中，蒸汽机被应用于铜矿和煤矿的矿山排水设备中，使矿山的生产性能取得了质的飞跃。在炼铜和制铁等方面，英国的技术水平也是遥遥领先。

第二，工业革命后英国的技术世界领先，政治影响力也不断提高。19世纪至20世纪上半叶，英国把加拿大、澳大利亚、南非、印度等国家的众多区域作为自己的殖民地，进行殖民统治。"日不落帝国"由此诞生。"不列颠治下的和平"（Pax Britannica）就是当时具有象征意义的代表词。

第三，金融大都市的存在。伦敦作为世界金融中心发展起来，使商业银行对资源开发的投资成为可能。

上述历史原因，使英系的大资源公司直到现在仍对资源国有着举足轻重的影响。只是进入新世纪后，中国铝业、中国五矿集团等中国资源公司快速地发展壮大，成为国际垄断公司。

同时，日本的综合性公司也在积极挺进资源市场，努力确保其权益。因此可以想见，在今后的资源市场里，中国、英国和日本将展开激烈的争夺战。

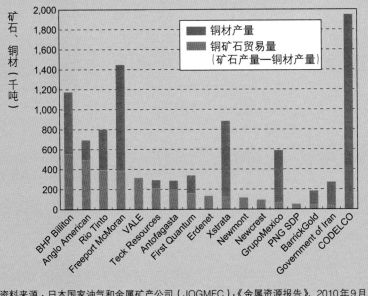

资料来源：日本国家油气和金属矿产公司（JOGMEC）；《金属资源报告》，2010年9月。

资源价格是警示
绿色革命是趋势

所有事情都会发生两次。第一次是预兆，再次发生时就是揭示本质。

2000年以后资源价格到底为什么会不断升高呢？

这个问题已经被多家媒体关注过。笔者认为原因在于世界经济领导力量的更替。20世纪90年代以前，世界经济一直是一个以美、日、欧为中心的同心圆，而进入21世纪以后，就变成了一个椭圆。

这个椭圆有两个焦点，一个是原来一直作为中心的美、日、欧，另一个则是中国、印度等新兴国家。对于世界经济的稳定来说，美、日、欧仍旧发挥着重要作用，而新兴国家的主要作用则是带动经济的发展。这些新兴国家的成长都是以工业化为中心的，这就使得我们进入了一个资源、能源和粮食需求都不断增加的时代。资源的"均衡价格"也随之上移，从"低价时代"进入了"高价时代"。

然而，居高不下的资源价格却在2008年下半年突然回落。2008年爆发的次贷危机引发了世界性的金融危机，从而导致了信用紧缩和实体经济恶化等一系列连锁反应，各种资源的需求也随之骤减。

但是，随着金融危机的影响逐渐减弱，资源与能源的问题又再次成为我们的关注点。事实上，资源价格在2009年初春降至最低点，此后就不断增长，先是上涨了50%，接着又涨至原来的2倍。那么资源价格到底会上涨到什么程度呢？原油价格会再次突破每桶100美元的水平吗？

笔者认为资源价格在2008年下半年到2009年上半年之间回到了原点。我们可以从两个角度理解这个原点：一是价格回落到了最初的水平，二是回到了初始位置的资源价格仍需要寻找一个新的均衡点。原油、铜、铝、稀有金属，以及海上运输等的价格，大部分都回落到了

2003 年价格上涨前的水准。

但是，从世界经济的整体变化来看，可以说这一现象是"均衡价格"下降过度的表现。能让生产国和消费国，生产者和消费者双方都接受的"均衡价格"又在哪里呢？我们还在摸索。

那么长期来看，"均衡价格"到底是多少？面临"低价资源枯竭"和"温室效应"这两大危机，我们必须尽快采取节能环保的方针政策来积极应对。用一个词来概括，就是"绿色革命"，也就是从以石油、煤炭、天然气等地下资源为依托的 20 世纪型社会，转变为以太阳光发电、太阳热发电等太阳系能源为基础的 21 世纪型社会。可是，这种太阳系能源社会，也就是脱碳社会的建设还需要一定的时间。包括中国、印度等新兴国家在内，全世界都普遍进入太阳系能源社会应该是在 2030 年到 2050 年。在此前的过渡时期，人类还不得不依赖石油、煤炭等地下能源。

2009 年的"雷曼事件"以后，资源、能源的价格不断上涨。这不是什么预兆，而是对资源问题本质的直接揭露，它的影响将会波及整个世界经济。从这个层面来说，本书不仅是关于资源问题的讲解，也是警示。我们必须未雨绸缪，用长远的眼光积极应对。

出版后记

资源与我们的生活息息相关。我们吃的粮食、喝的水是资源，我们每天使用的电脑、手机要集合几十种金属才能制造，我们出行要用汽油，在家要用电——离开资源我们难以生存。

打开网页、报纸、电视，常常能看到有关资源的消息：某国与某国因争夺资源而发生冲突；石油价格又上涨了；水污染、核泄漏危及生命……这些繁杂零碎的消息并不能拼接出一幅世界资源的整体图景。对资源、政治、经济、科技之间的联系一知半解，是我们产生困惑的主因。

《图解全球资源真相》力图清晰、全面地介绍世界资源的整体状况。40年从事相关研究的日本资深资源问题专家柴田明夫，广罗各国资讯，用图表加文字的形式为读者展示了世界资源状况的全貌；他条分缕析，厘清资源与地缘政治的关系，透析国与国之间的势力消长，前瞻资源于科技发展的互动。读者可以在短时间内轻松把握资源动态，对资源问题从一知半解到了然于胸。

后浪出版公司已出版《用地图看懂世界经济》，未来将陆续出版《世界经济图说》等一系列全景式透析全球经济的的书籍。希望能够帮助读者获取相关知识，提升洞察力与竞争力。

服务热线：133-6631-2326　188-1142-1266

服务信箱：reader@hinabook.com

后浪出版公司

2016 年 8 月

图书在版编目（CIP）数据

图解全球资源真相 /（日）柴田明夫著；林潇奕译.
— 杭州：浙江人民出版社，2016.11
ISBN 978-7-213-07599-5

Ⅰ.①图…　Ⅱ.①柴…②林…　Ⅲ.①新能源—能源
—管理—世界—图解　Ⅳ.TK01-64

中国版本图书馆CIP数据核字（2016）第212433号

ZUKAI SEKAI NO SHIGEN CHIZU
BY AKIO SHIBATA
Copyright © 2012 AKIO SHIBATA
Original Japanese edition published by KADOKAWA CORPORATION, Tokyo.
All rights reserved
Chinese (in Simplified character only) translation copyright　2016 by Ginkgo (Beijing) Book Co., Ltd.
Chinese (in Simplified character only) translation rights arranged with KADOKAWA CORPORATION,
Tokyo. through Bardon–Chinese Media Agency, Taipei.

图解全球资源真相

[日]柴田明夫　著　　林潇奕　译

出版发行：浙江人民出版社（杭州市体育场路347号　邮编　310006）
　　　　　市场部电话：（0571）85061682　85176516
责任编辑：潘海林　汪景芬
责任校对：叶　宇
特约编辑：李　峥
封面设计：墨白空间·张静涵
印　　刷：北京京都六环印刷厂
开　　本：690毫米×960毫米　1/16　　　印　　张：10
字　　数：100千
版　　次：2016年11月第1版　　　　　印　　次：2016年11月第1次印刷
书　　号：ISBN 978-7-213-07599-5
定　　价：39.80元